生成AIで効率的に書く！

ITエンジニアのための
英語
ライティング

西野竜太郎 著

本書内容に関するお問い合わせについて

　このたびは翔泳社の書籍をお買い上げいただき、誠にありがとうございます。弊社では、読者の皆様からのお問い合わせに適切に対応させていただくため、以下のガイドラインへのご協力をお願い致しております。下記項目をお読みいただき、手順に従ってお問い合わせください。

●ご質問される前に

弊社Webサイトの「正誤表」をご参照ください。これまでに判明した正誤や追加情報を掲載しています。

　　正誤表　　https://www.shoeisha.co.jp/book/errata/

●ご質問方法

弊社Webサイトの「書籍に関するお問い合わせ」をご利用ください。

　　書籍に関するお問い合わせ　　https://www.shoeisha.co.jp/book/qa/

インターネットをご利用でない場合は、FAXまたは郵便にて、下記"翔泳社 愛読者サービスセンター"までお問い合わせください。
電話でのご質問は、お受けしておりません。

●回答について

回答は、ご質問いただいた手段によってご返事申し上げます。ご質問の内容によっては、回答に数日ないしはそれ以上の期間を要する場合があります。

●ご質問に際してのご注意

本書の対象を超えるもの、記述個所を特定されないもの、また読者固有の環境に起因するご質問等にはお答えできませんので、予めご了承ください。

●郵便物送付先およびFAX番号

送付先住所　　〒160-0006　東京都新宿区舟町5
FAX番号　　　03-5362-3818
宛先　　　　　（株）翔泳社 愛読者サービスセンター

はじめに

　日本国内で働いているITエンジニアであっても、英語でライティングをしなければならないときがあります。海外ユーザー向けに英語版マニュアルを作成したり、ソフトウェア上に表示するボタン名やエラーメッセージを英語で書いたりといった場面です。英語でライティングをする場合、従来は機械翻訳ツールや英文添削ツールを活用することが一般的でした。

　ところが近年、生成AIの発展により、まったく異なるアプローチで英語ライティングができるようになりました。**生成AIに英語で文章を生成してもらい、そこにユーザーが手を入れて完成させる**アプローチです。

　本書は、**ITエンジニアが生成AIを活用し、英語ドキュメントを作成する方法**について解説しています。生成AIは便利で強力なツールですが、うまく使いこなすためにはさまざまなスキルや知識が求められます。

　たとえば、作成対象となる**ドキュメントの文章構造**、英文の正しさや妥当性を確認するための**英文法や表記法**、生成AIに**英文を出力させるプロンプト**などです。また、活用にあたっては細心の注意を払うべき点もあります。そういった活用時に求められるスキルや知識、さらに注意点も本書では解説しています。

　英語ライティングに苦手意識を持つITエンジニアは多いでしょう。しかし、英語が書けるようになると、さまざまな可能性が広がるはずです。ぜひ本書を活用し、効率的に英語ライティングを行ってください。

● 対象読者

本書で想定している主な対象読者は次の通りです。

- 国内で働いているプログラマーなどのITエンジニア
- ITエンジニアを目指している専門学校生や大学生

● 前提知識

高校在学〜卒業程度（英検だと準2級程度）の英語力があることを想定しています。ただし、リスニングやスピーキングは苦手でも問題ありません。

また、生成AIサービス（ChatGPTやBardなど）に多少なりとも触れたことがある方を想定しています。各サービスの利用開始方法については本書では解説していませんので、別の書籍などを参照してください。

CONTENTS

CHAPTER
1 生成AI時代の英語ライティング

CHAPTER
2 参照に使うドキュメントタイプ

● 会員特典データのダウンロードについて

本書の読者特典として、「FAQのドキュメントタイプ」を提供しています。FAQ（よくある質問と回答）の英語サンプルを示し、ドキュメントの特徴を解説します。本書第3章「コミュニケーションに使うドキュメントタイプ」を補足するものです。

会員特典データは、以下のサイトからダウンロードして入手いただけます。

https://www.shoeisha.co.jp/book/present/9784798183145

- 会員特典データのファイルは圧縮されています。ダウンロードしたファイルをダブルクリックすると、ファイルが解凍され、利用いただけます。

会員特典データご利用上の注意

- 会員特典データのダウンロードには、SHOEISHA iD（翔泳社が運営する無料の会員制度）への会員登録が必要です。詳しくは、Webサイトをご覧ください。
- 会員特典データに関する権利は著者および株式会社翔泳社が所有しています。許可なく配布したり、Webサイトに転載することはできません。
- 会員特典データの提供は予告なく終了することがあります。あらかじめご了承ください。

免責事項

会員特典データの提供にあたっては正確な記述につとめましたが、著者や出版社などのいずれも、その内容に対してなんらかの保証をするものではなく、内容やサンプルに基づくいかなる運用結果に関してもいっさいの責任を負いません。

生成AI時代の
英語ライティング

本章では、生成AIの利点や注意点を取り上げた上で、
生成AIを使って英語を書くのに必要な知識は何か
について説明します。

01 生成AIの利点と注意点

　本書では「**生成AI**」を利用した英語のライティングを行います。まず本節では、生成AIとは何かについて説明し、生成AIを使う際の利点と注意点を取り上げます。

▶ 生成AIとは？

　「生成AI」とは、文章、プログラム、絵画、音楽、映像のような**コンテンツを生成できるAI**のことです。ジェネレーティブAIやGenAIなどとも呼ばれます。

　たとえば、OpenAIの「**ChatGPT**」[注1-1]やGoogleの「**Bard**」[注1-2]はチャット形式で利用できる生成AIサービスです。対話型AIと呼ばれることもあります。サービス利用中の画面例として、ChatGPTを図1-1、Bardを図1-2に示します。いずれもユーザーからの問いかけに生成AIが答えている場面です。

図1-1　ChatGPTの画面

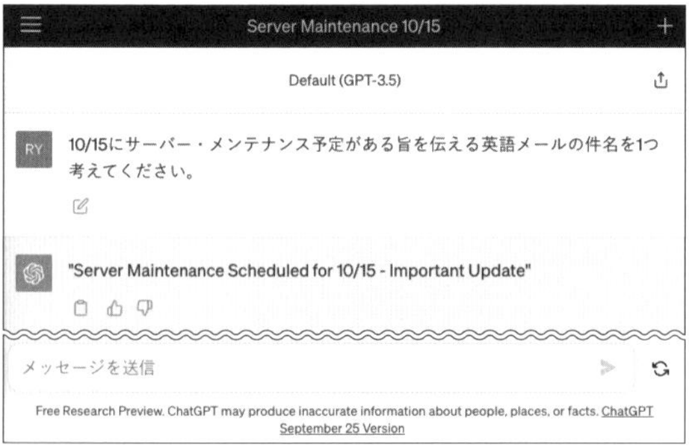

図1-2 Bardの画面

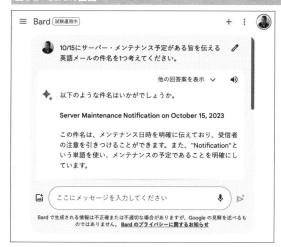

ChatGPTやBardの実現には「**大規模言語モデル**」（**LLM**）が用いられています。ChatGPTであれば「GPT-3」や「GPT-4」、Bardであれば「PaLM 2」や「Gemini」などです。

LLMは、前にある単語の並びから次の単語を予測します。たとえば「To install the」という並びがあるとすると、次に入る単語として「app」や「software」などを予測します。この予測を繰り返すことで文章が生成されます。

少し混乱する人もいるかもしれませんので、ここまでの内容を簡単にまとめておきます。

表1-1 生成AIに関連する用語

用　語	意　味
生成AI	文章など、さまざまなコンテンツを生成できるAI全般
ChatGPT、Bardなど	チャット形式の生成AIサービス
GPT-4、Geminiなど	生成AIサービスの実現に用いられるLLM

　なお、本書では、ChatGPTなどの生成AIサービスやGPT-4などの LLMも包含する形で「生成AI」という言葉を使っています。

● 生成AIの利点

　生成AIサービスで用いられるLLMは、名前の通り大規模なデータを基 に作られています。本書で取り上げるマニュアルやプロダクト説明など を含め、さまざまな種類の英語テキストを膨大に取り込んでいます。そ のため、**ドキュメントの特徴に合った英語を生成**してくれます。たとえば 英語のマニュアルを作成したければ、いかにもマニュアルっぽい表現で 書いてくれます。

　また、日本語母語話者が英語を書こうとすると、どうしても日本語的発 想に引きずられてしまうことがあります。以前からある機械翻訳システ ムで英訳するケースでも、元の日本語の影響はどうしても残ってしまい ます。しかし、生成AIの助けを借りることで「**英語らしい英語**」を書くこ とができます。

　つまり、英語ライティングで生成AIを使う最大の利点は次の2つです。

- ドキュメントの特徴に合った英語で書ける
- 英語らしい英語で書ける

　これらは日本語母語話者にとっては非常に大きな利点です。ただし、 利点ばかりではありません。生成AIには特有の問題があり、活用にあ たっては注意が必要です。

● 生成AIを使う際の注意点

　生成AIを使う際に一番注意したいのは「**ハルシネーション**」(幻覚) が発生する点です。前述のように、LLMは次の単語を予測して生成します。そのため、**事実ではないのに、それっぽい文章を勝手に創作してしまうの**です。たとえば、筆者のことを質問してみましょう。「西野竜太郎とは誰ですか?」と生成AIに聞いてみると、次のような回答が出力されました。

> 🔧 西野竜太郎は、日本の実業家であり、最も知られているのは、「ナカザワのすべてを購入する」プロジェクトを立ち上げたことで、全国で話題になりました。
>
> <中略>
>
> また彼は著書も多数あり、主な著書に『図解最速独学マンガ術』、『7日間で「面白い話」ができるようになる本』、『アイデアはどこからくるのか』等があります。その中で彼は自身の経験や学びを通じて、創造性やアイデアの探し方、独学の方法などについて語っています。

　上記の内容はまったく事実ではなく、完全に創作です。「ナカザワのすべてを購入する」プロジェクトを立ち上げたことはありませんし、著書自体はありますが、タイトルがすべて間違っています。これがハルシネーションと呼ばれる問題です。

　ハルシネーションに対処するためには、ユーザー自身が責任を持って**事実関係を確認する**必要があります。たとえば、ウェブ検索で信頼できる情報源にあたる方法がその1つです。さらに、英語ライティングで生成AIを活用する場合、**用語や表記などが適切であるか**といった点にも気を配る必要があります。こういった確認ポイントは、第6章で具体的に説明しています。

　また、生成AIには扱える文脈の長さ (コンテキスト・ウィンドウ) があ

ります。あまりに長い文章を入力すると、文脈から外れた変な出力をすることがあります。使用する生成AIごとに異なりますが、入力の長さにも注意が必要です。

　生成AIの利点と注意点が把握できたら、次に実際の英語ライティングでどのように使うかを見てみましょう。

POINT

- 生成AIは、さまざまなコンテンツを生成できるAI全般
- チャット形式の生成AIサービスとしてChatGPTやBardなどがある
- 生成AIサービスの実現に用いられるLLMとしてGPT-4やGemini などがある
- 英語ライティングで生成AIを使う利点
  - ドキュメントの特徴に合った英語で書ける
  - 英語らしい英語で書ける
- 英語ライティングで生成AIを使う際にはハルシネーションに注意が 必要

02 基本的な使い方と必要な知識

　生成AIを使った英語ライティングの概要を説明します。基本的な3つの使い方を挙げた後、活用に必要な知識をまとめます。

● 基本的な3つの使い方

　英語ライティングで生成AIを使う場合、基本的な使い方が3つあります。①**翻訳**、②**添削**、③**生成**です。ここでは大まかな内容を説明し、詳細な実践例とポイントは第7章で取り上げます。

✪ 翻訳

　まずは**翻訳**です。ユーザーは日本語で文章を書き、それを生成AIに英語に翻訳してもらう流れになります。「翻訳とライティングは違うのでは？」と考える人もいるかもしれませんが、本書では最終的に英文を作り上げる点で、翻訳もライティングの一種だと捉えています。

　実際の例を見てみましょう。生成AIモデルの1つであるGPT-4に次の指示を出しています。

> 下記の【翻訳対象】にある日本語を英語に翻訳してください。
>
> 【翻訳対象】
> 完了するには、OKボタンをクリックしてください。

これを受け、生成AIは次の結果を出力しました。

🧠 To complete, please click the OK button.

きちんとした英語になっています。

翻訳ができる点では、以前から利用されてきた機械翻訳（自動翻訳）と同じです。たとえばGoogle翻訳に同じ日本語を英訳させると、図1-3に示すように「Click the OK button to complete.」という英訳が返ってきました。「to complete」が後ろに置かれていますが、問題のない英文です。

ただし、両者には違いもあります。たとえば、まず機械翻訳システムでは原文と訳文がそれぞれ別の区画で入出力されます。図を見てわかるように、Google翻訳では原文と訳文が別々に表示されています。一方、チャット形式の生成AIサービスを使った場合は、同じ1つの区画を使うのが一般的です。

さらに、機能面でも若干異なる場合があります。機械翻訳システムでは特定分野専用の翻訳エンジンを利用できたり、用語集を指定できたりといった機能が備わっていることがあります。つまり、状況によっては生成AIではなく機械翻訳システムを使ったほうが便利なケースもあるのです。

図1-3　Google翻訳による英訳結果

◎添削

　次に**添削**です。校正と表現されることもありますが、本書では添削とい
う言葉で統一します。ユーザーはまず自分で英語を書き、それを生成AI
に添削してもらう流れになります。

　以下に実例を示します。GPT-4に英文を添削させ、修正すべき部分をリ
ストにまとめてもらっています。

> 👤 下記の【添削対象】にある英文を添削し、修正すべき点をリストにまとめて
> ください。
>
> 【添削対象】
> To login to you account, please click the OK button.

　生成AIからは、次の結果が出力されました。

> 🧠 【添削後】
> To log in to your account, please click the OK button.
>
> 【修正点】
> 1. "login" は、"log in" に変更
> 2. "you account" は、"your account" に変更

　「login」を「log in」に、「you account」を「your account」にすべきと2
点が提案されています。

　生成AIが普及する以前は、英文の添削では専用の添削ツールが利用さ
れていました。ユーザーが書いた英語を入力すると、修正すべき部分に
ついて指摘してもらえます。

　図1-4では、Grammarlyという添削ツールに、生成AIの場合と同じ
英文を入力して添削してもらっています。やはり「login」は「log in」に、

「you」は「your」に変更すべきとの結果が表示されています。添削をする
点はどちらも同じですが、添削ツールも機械翻訳システムと同様、専用
ツールであるがゆえの長所があります。修正部分が見やすく表示される
といった点です。やはり状況によっては、生成AIより添削ツールのほうが
便利なケースもあります。

図1-4 Grammarlyで添削

　上記の翻訳と添削を見ればわかるように、生成AIでは以前からあった
ツールの代替もできます。簡単なサンプルでは結果もほぼ同じでした。
しかし、生成AIを使うこと自体は目的ではなく、良い英文を書くことこそ
が目的のはずです。もし機械翻訳システムや添削ツールのほうが自分に
とって便利であれば、無理に生成AIに翻訳や添削をしてもらう必要はあ
りません。

⊕生成

　3つ目は**生成**です。ユーザーは生成AIに指示を出し、英語の文章全体
を書いてもらいます。従来、このような機能を持つツールはありません
でした。**生成AIの特長が最も発揮される使い方**だといえるでしょう。
　実際の使用例を見てみましょう。GPT-4に次の指示を出してみます。

下記に示す【操作手順】から簡潔な英語でマニュアルを書いてください。手順は適当なステップに分割してください。

【操作手順】
ログインするには、まずページ右上にある「ログイン」ボタンを押す。ログイン・ダイアログが表示されるので、IDとパスワードを入力し、最後に「OK」ボタンを押す。

GPT-4は次の結果を出力しています。

Step 1: Click the "Login" button located at the top right corner of the page.
Step 2: Once the login dialog appears, enter your ID and password.
Step 3: Click the "OK" button to complete the login process.

　元の日本語では操作手順を2文で書いていますが、生成AIであるGPT-4はステップを3つに分割して英語で出力しています。日本語を単純に英語に翻訳したわけではありません。機械翻訳システムにはできない、生成AIならではの機能です。

　なお、生成AIサービスでは、通常はランダムな生成がされるため、必ずしも**常に同じ結果が出るとは限りません**。もし読者の皆さんが上記と同じ指示を出したとしても、結果が異なる可能性があることに注意してください。

● 活用に必要な知識とスキル

　英語ライティングで生成AIを正しく効果的に使うには、身に付けておくべき知識とスキルがあります。①**ドキュメントタイプ**、②**英文法と表記法**、③**プロンプト**の3つです。とりわけ生成AI最大の特長である、文章

の「生成」をする際には不可欠な知識になります。ここでは概要を説明し、詳細は後の章で取り上げます。

● ドキュメントタイプ

ITエンジニアは**さまざまな種類のドキュメント**を扱います。マニュアル、APIリファレンス、エラーメッセージ、メールなどです。こういったドキュメントの種類を本書では「**ドキュメントタイプ**」と呼びます。

各ドキュメントタイプには、それぞれ独特の**文章構造と言語表現**が存在します。たとえばマニュアルでは、操作の「見出し」と「手順」で構成される文章構造が頻繁に出現します。具体的には、次のような形です。

```
Open a file    ➡ 見出し
  1. Click File > Open ....
  2. In the Open dialog, choose the file to open.   ─ 手順
  3. Click Open.
```

また、各手順をよく見ると、すべてpleaseのない簡潔な命令形で書かれています。日本語では「〜してください」と丁寧な表現が普通ですが、英語のマニュアル内の手順説明ではこのような言語表現が一般的です。

つまり、英語でドキュメントを作成する場合、そのドキュメントタイプで一般的に用いられる文章構造や言語表現を使って書かなければなりません。適切な構造や表現で書かれていないと読者は違和感を覚え、ドキュメントの質が低いのではないかと感じるはずです。

第2〜4章では、各ドキュメントタイプの特徴について詳しく説明します。この特徴の理解は生成AIを活用した英語ライティングで非常に重要となるため、多くのページを割いて説明しています。

◉英文法と表記法

　生成AI最大の特長は、**英語の文章全体を生成してもらえる点**です。しかし、生成AIは勝手な創作をすることがあります。これは前述のようにハルシネーションと呼ばれます。そのためユーザーは、生成された英語が自分の意図通りであるのか、書かれた内容は間違っていないか、自分で確かめなければなりません。生成AIによって大幅に省ける労力がある一方で、しなければならない仕事も発生するのです。**生成された英語の妥当性を確かめるためには、英語をしっかり解釈できる力が必要**です。

　例を見てみましょう。GPT-4に次の入力をしてみます。

> 🔲 下記に示す【特徴】を持つソフトウェア「MyTodo」の紹介文を英語で30ワード以内で書いてください。
>
> 【特徴】
> ・Todoを管理できる
> ・多言語に対応している
> ・さまざまなアプリと連携できる

　すると、次のような出力が表示されました。

> 🌐 Introducing MyTodo: a multilingual task manager, seamlessly integrating with various apps for a streamlined, organized workflow and enhanced productivity.

　意図していた内容が正しい英語で書かれているのか、順に見てみましょう。まず「Introducing MyTodo」と動詞のing形で始まっています。紹介なのでIntroducingで問題なさそうです。ただ、次のコロン（:）は何を意味するのでしょうか。続いて「a multilingual task manager」とあります。「多言語に対応」の点は盛り込まれているようですが、「Todoを管

理」が「task manager」と言い換えられているようです。これは意図と合致しているでしょうか。

　カンマの後には「seamlessly integrating with various apps」とあります。integrateという動詞はing形になっています。英語の文には主語と動詞が必要なはずですが、文法的には問題ないのでしょうか。

　そして最後に「for a streamlined, organized workflow and enhanced productivity」とあります。「a streamlined, organized workflow」は「合理的で整理されたワークフロー」、「enhanced productivity」は「向上した生産性」という意味です。入力文にそのような特徴は記載していなかったので、生成AIが気を利かせて創作してくれたのでしょう。これは事実に照らし合わせて妥当な記述でしょうか。

　たった1文ですが、しっかり英語を解釈して妥当性を確かめるべき部分がいくつもありそうです。そして英語をしっかり解釈するには、英文法や表記法の知識が欠かせません。上記の場合、たとえばing形の用法やコロンの意味です。

　こういったことをマスターできるよう、第5章では、生成AIの活用で必須の英文法と表記法を詳しく取り上げます。

◉プロンプト

　生成AIに対する入力は「**プロンプト**」と呼ばれます。プロンプトに応じて生成AIは結果を出力します。

　本章の中ではすでに何度かプロンプトのサンプルを示しています。まず、翻訳の場面で入力したプロンプトを再掲します。

> 👤 下記の【翻訳対象】にある日本語を英語に翻訳してください。
>
> 【翻訳対象】
> 完了するには、OKボタンをクリックしてください。

このプロンプトは単純で、翻訳をするよう直接的に指示しています。生成AIに良い英語を書いてもらうには、**上手なプロンプト**を出さなければなりません。なお、上手なプロンプトを出す手法や技術は「**プロンプトエンジニアリング**」や「プロンプトデザイン」と呼ばれます。

　次に、添削の場面で入力したプロンプトを見てみましょう。

> 👤 下記の【添削対象】にある英文を添削し、修正すべき点をリストにまとめてください。
>
> 【添削対象】
> To login to you account, please click the OK button.

　これは少し工夫したプロンプトです。単純に添削を指示するだけでなく、「リストにまとめてください」と出力形式を指定しています。リストとして出力してもらうことで、ユーザーは修正すべきポイントが把握しやすくなります。

　さらに、英文法と表記法の場面で入力したプロンプトです。

> 👤 下記に示す【特徴】を持つソフトウェア「MyTodo」の紹介文を英語で30ワード以内で書いてください。
>
> 【特徴】
> ・Todoを管理できる
> ・多言語に対応している
> ・さまざまなアプリと連携できる

　このプロンプトにも工夫があります。「30ワード以内で」と出力条件を指定し、生成の材料となる特徴3点もAIに与えています。結果として、いかにも英語らしい紹介文が出力されました。

　このように、プロンプトを上手に書くことで、期待するような英語を出力してもらえます。プロンプトには効果的なパターンがいくつか存在します。第6章では、そういったプロンプトのパターンを詳しく紹介します。

POINT

- 英語ライティングにおける生成AIの基本的な使い方には以下の3つがある
  - **翻訳**
  - **添削**
  - **生成**
- 英語ライティングで生成AIを効果的に使うために身に付ける知識とスキルには以下の3つがある
  - **ドキュメントタイプ**：さまざまな種類のドキュメントの文書構造と言語表現
  - **英文法と表記法**：生成された英語の妥当性を確かめるために必要
  - **プロンプト**：工夫したプロンプトを出して良い英語を出力してもらう

参照に使う
ドキュメントタイプ

ITエンジニアはさまざまな英語ドキュメントを書く機会があります。
本章では、ユーザーやエンジニアが参照に使う
ドキュメントタイプについて解説します。
「マニュアル」と「APIリファレンス」です。

01 各ドキュメントタイプの解説ポイント

　ドキュメントタイプの書き方について説明する前に、第2〜4章の各ドキュメントタイプで解説しているポイントについて触れておきます。

　生成AIを活用して英語ライティングをする際は、最終的に**出来上がった英文が適切な「構造」と「表現」で書かれているかを人間が確認すること**になります。そのため、各ドキュメントタイプで**特徴的な構造と表現をしっかり把握しておくこと**が重要になります。生成AIに翻訳させる場合も、添削させる場合も、文章を生成させる場合も、その2つの理解は欠かせません。第2〜4章で把握しましょう。

　第2〜4章は、次のセクションから構成されています。

サンプル

　最初に、対象となるドキュメントタイプのサンプルを示します。具体的にどのようなドキュメントなのかを実例で把握してみてください。

ドキュメントの主要素と構造

　各ドキュメントタイプには、よく用いられる重要な要素と、それを組み合わせて作られる構造あるいは構成が存在します。たとえばAPIリファレンスの場合、まずクラスなどの全体像を「概要」で示し、その後にメソッドなどの「詳細」を説明します。つまり、「概要→詳細」の構造が一般的です。慣習的に用いられる構造に従って書かれていれば、ドキュメントの読者は迷うことなく必要な情報を得られます。

表現のポイント

　各ドキュメントタイプには特徴的に見られる表現が存在します。た
とえばマニュアルでは、手順を書くのに「Click the OK button.」などと
Pleaseなしの命令形が用いられます。あるドキュメントタイプで一般的
に用いられる表現で書かれていれば、読者は違和感を覚えることなく読
み進められます。こういったポイントを解説します。

重要な単語と表現集

　各ドキュメントタイプにはよく用いられる重要な単語や表現がありま
す。ライティング時に採用すると、読んでいて自然に感じられる英文に
なるはずです。ここではそういった語や表現をコーパス言語学[注2-1]の手
法で大規模なデータから抽出し、解説します。

　本章ではユーザーやエンジニアが必要に応じて情報を参照する際に使
うドキュメントタイプを取り上げます。「マニュアル」と「APIリファレン
ス」です。

02 マニュアル
適切な見出しと動詞を使って手順を書く

　マニュアルは、ソフトウェアやデバイスの**使用方法や操作手順を説明したドキュメント**です。企業や組織によっては「ガイド」などと呼んでいることもあります。

　マニュアル丸々1冊ではないにしても、ちょっとした操作手順を説明しなければならない場面はよくあります。ITエンジニアが書く機会の多いドキュメントタイプといえるでしょう。

● マニュアルのサンプル

　下記のサンプルは、仮想デバイスを作成する手順を説明したマニュアルです。文中の ❶ や ❷ などの記号は、後ほど解説するポイントを示しています。サンプルはマニュアルの文章構造全体が含まれるため、やや長くなっています。

サンプル

❶ **Chapter 5. Manage virtual devices**

❷ You can create, edit, and delete virtual devices that are simulated on your computer.

❸

Contents
- Types of virtual devices
- Create a virtual device
- Edit a virtual device
- Delete a virtual device

Types of virtual devices

You can create different types of virtual devices. Choose one of the following when you create a virtual device:

- Phone
- Tablet
- Watch
- TV

Create a virtual device

To create a virtual device, perform the following steps:

1. Open the Virtual Device Manager.
2. At top left, click **Create > New virtual device**.
3. Select the device that you want to create from the device list.
4. If you want to change the default name, enter a new name.
   Note: Each virtual device must have a unique name.
5. Click **OK**.
6. The new virtual device appears in your dashboard.

Edit a virtual device
<中略>
Delete a virtual device
<後略>

参考訳

第5章　仮想デバイスを管理

お使いのコンピューター上でシミュレートされる仮想デバイスを作成、編集、および削除できます。

目次

仮想デバイスの種類

さまざまな種類の仮想デバイスを作成できます。仮想デバイスを作成する際は、次のうちの1つを選択します：
- 電話
- タブレット
- 時計
- テレビ

仮想デバイスを作成
仮想デバイスを作成するには、次のステップを実行します：
1. 仮想デバイスマネージャーを開きます。
2. 左上で「作成」→「新規仮想デバイス」をクリックします。
3. 作成したいデバイスをデバイスのリストから選択します。
4. デフォルトの名前を変更したい場合、新しい名前を入力します。
    注：各仮想デバイスには一意の名前が必要です。
5. 「OK」をクリックします。
6. お使いのダッシュボードに新しい仮想デバイスが表示されます。

仮想デバイスを編集
＜中略＞
仮想デバイスを削除
＜後略＞

● ドキュメントの主要素と構造

　まずは、マニュアルの主要素と構造を見てみましょう。

● 見出し（❶、❹、❽）

　マニュアルは、小説のように最初から最後まで順に読み通すというより、読者が必要に応じて参照するケースのほうが多いでしょう。そのため、**求める情報が見つけやすくなる適切な「見出し」**を、章や項などいくつかのレベルで付けます。たとえば❶は章全体の見出しです。「Manage virtual devices」とあるため、仮想デバイスの管理方法が説明されていることがわかります。また、❹と❽は章内にある節レベルの見出しです。

❹の「Types of virtual devices」には仮想デバイスの種類、❽の「Create a virtual device」には仮想デバイスの作成方法が書かれています。

⊕目次（❸）

こういった見出しは、参照しやすいように**「目次」の形にまとめられます**。❸では章内部にある複数の節レベルの見出しが目次としてまとめられています。仮想デバイスの種類（Types）、作成（Create）、編集（Edit）、さらには削除（Delete）の4つが説明されているとすぐに把握できます。目次は、マニュアルが印刷物であれば冒頭に置かれます。一方でウェブ形式であれば、左または右のペインに表示されたり、❸のようにページの最初のほうに置かれたりします。

⊕導入文（❾）

見出しに続いて手順の「**導入文**」が書かれることがあります。❾がそれにあたります。「仮想デバイスを作成するには、次のステップを実行します」と、続く手順が何であるかを説明しています。

⊕手順とステップ（❿）

導入文に続いて**「手順」の内容**が書かれます。❿にあるように、一般的に数字が冒頭にある番号リストで書かれます。手順内の各項目は「**ステップ**」と呼ばれます。通常、手順は複数のステップで構成されます。

⊕説明文（❺）

手順ではなく**概念を説明する項目**が置かれることがあります。この場合、手順ではなく説明文が記述されます。たとえば❺では、手順ではなくさまざまな種類の仮想デバイスが作成できる旨を説明しています。

⊕ 注意書き（⑬）

手順の途中、あるいは前後に「注意書き」が追加されることがあります。注意書きは任意であるため、もし必要であれば掲載します。

⊕ 主要素と構造

マニュアルの主要素をまとめると次の通りです。

- 見出し
- 目次（ページ内では任意）
- 導入文
- 手順
- ステップ
- 説明文
- 注意書き（任意）

構造を図示すると、図2-1のようになります。構造は1つの章を想定しています。さまざまな場所に任意で置ける注意書きは省いてあります。

なお、この図はRailroad（鉄道）図と呼ばれ、正規表現やJSONなどの記述にも用いられます。簡単に読み方を説明します。

- 線に沿って左から右に項目を読む
- 任意項目：項目のない線が分岐する（例：「目次」部分）
- 選択項目：線が複数に分岐する（例：「導入文」と「説明文」の手前）
- 反復項目：線が先頭に戻る（例：「説明文」部分）
- 点線：あるまとまりとその説明

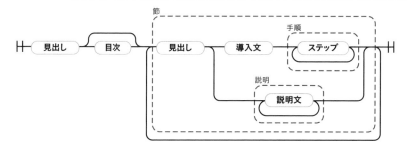

図2-1　マニュアルの構造

節

手順

見出し　目次　見出し　導入文　ステップ

説明

説明文

● 表現のポイント

マニュアルで用いられる表現のポイントは次の通りです。

● 読者はyou、読者の所有物はyour

マニュアルの**読者は「you」で指し示します**。たとえば、サンプルの❷には「You can create …」とあります。「A user can create …」でも同じ情報を伝達できますが、youを使うと相手に直接語りかける雰囲気になります。

また、読者の所有物には「your」を使います。⑮の「in your dash-board」がその例です。

● 見出しはタスク型なら動詞原形

マニュアルは主に**操作手順を説明する**ため、読者は何らかのタスクをこなします。記述内容が**タスク型**の場合、基本的に見出しには「**動詞**」を使います。タスクは動詞でうまく表現できるためです。たとえば、サンプルの❽にある見出しには「Create a virtual device」とあり、create（作成する）という動詞が**原形**で用いられています。動詞はing形（Creating a virtual device）が使われることもあります。ただし、大手IT企業の実例

を観察すると、現在はシンプルに原形を使うケースが多いようです。そのため、迷ったときには原形で統一することをお勧めします。

　一方、見出しがタスク型ではなく、何らかの概念を説明する**概念型**の場合、動詞ではなく**名詞や名詞句**を使います。❹の「Types of virtual devices」がこれに該当します。他にも「App overview」（アプリの概要）や「Requirements」（要件）のような見出しが例です。

　なお、見出しのスタイルには「センテンス・スタイル」がよく用いられます。センテンス・スタイルについては第5章06で解説しています。

⊕ 導入文にはfollowingとコロン

　導入文は、後続の手順やリストが何であるのかを把握しやすくするために書かれます。その際にfollowingやfollowが頻繁に用いられます。ただし、次で説明するように、形容詞、名詞、動詞と3つの品詞があるので、注意して使います。また、導入文の後に手順やリストが置かれる場合、通常はコロン（:）が置かれます。コロンはリストを導く際に使われる句読点です（第5章05で解説）。

following 形容詞

　「次の」や「下記の」という形容詞です。❾の「To create a virtual device, perform the following steps:」では、stepsという名詞を修飾しています。つまり、「次のステップ」の意味になります。

following 名詞

　「次のもの」や「下記のもの」という名詞です。❻の「Choose one of the following when you create a virtual device:」がその例です。注意が必要なのは、名詞followingは単数形で使い、複数形（followings）にしない点です。例文も「one of the following」となっています。主語の場合も単数形とし、たとえば「The following are examples of URLs.」と書きます。

follow 動詞

　手順やリストの前に置かれる導入文では「as follows:」の形でよく用いられます。「次の通り」や「次に示すように」の意味です。たとえば、「The available options are as follows:」（利用可能なオプションは次の通りです：）という文です。主語が単数か複数かに関係なく「as follows」の形です。なお、followには「○○に従う」（他動詞）という意味もあります。たとえば、「To install the app, follow the steps below:」です。同じく導入文でよく使われるので、混同しないように注意してください。

　このように、手順やリストの前に置く導入文では、following（follow）とコロンを組み合わせて書くようにします。

◎ 手順は番号リスト

　すでに触れたように、手順では⑩にあるような「**番号リスト**」を使います。ステップ1、ステップ2と順番に操作を進めるためです。もし手順内部に別の手順（下位手順）を記述する場合は、小文字のアルファベット（a、b、c、d…）が使えます。

　項目の列挙など、順序が関係ないリストでは、❼のように中黒リストを使います。

◎ 指示文は命令形

　各ステップに書かれる指示文では**命令形**を使います。たとえば⑩の「Open the Virtual Device Manager.」では、動詞openで文が始まっています。日本語だと「〜してください」と丁寧な指示になるのでpleaseを付けたいところですが、英語では不要です。pleaseなしの命令形とします。

⊕ 指示文では場所、条件、目的を先

指示文では、**場所、条件、目的を先**に置きます。先に置くことで、読者には次のような利点があります。

- **場所：どこで操作すればよいのかをまず把握できる**
  例 サンプルの ⑪ の「At top left, …」
- **条件：希望や状況に合致しなければ操作しなくてよい**
  いきなり命令形で書き始めると不要な操作をしてしまう恐れがある
  例 サンプルの ⑫ の「If you want to change the default name, …」
- **目的：何のための指示なのかがはっきりわかる**
  例 サンプルの ⑨ の「To create a virtual device, …」

⊕ 指示文でUI要素はボールド

ソフトウェアが関係するマニュアルでは、ボタンを押したりメニュー項目を選択したりと、ユーザーインターフェイス（UI）上の要素の操作を説明することがあります。**ボタンなどのUI要素**は、⑭ の「Click **OK**.」のように**ボールド**とします。この「OK」はボタン上に表示されているラベルです。

日本語ではかぎかっこで表記することが多いため、そこからの連想か、英語でも二重引用符（" "）や角かっこ（[ ]）を使う人は少なくありません。しかし大手IT企業の事例を見ると、ボールドでの表記が一般的です。

⊕ 指示文で連続操作は「>」

何かを選択後、すぐに別の何かを選択する操作をすることがあります。こういった連続操作では「>」（大なり記号）を使います。サンプルの ⑪ にある「At top left, click **Create > New virtual device**.」がその例です。前後のUI要素がボールドであれば、「>」自体もまとめてボールドにして問題ありません。

⊕ 注意書きはNote、Caution、Warningなど

操作時の危険を知らせたり、情報を補足したりするのに注意書きを記載できます。内容に応じて適切な見出しを付けます。たとえば、サンプル⑬にある「**Note**: Each virtual device must have a unique name. 」です。

見出しはボールドで目立つようにし、直後にコロンを置き、その後に本文を書きます。なお、コロンの使い方については第5章05で詳しく説明しています。

見出しの言葉とその意味は、事前に組織内やドキュメント内で統一を図ったほうがよいでしょう。参考として、Googleの開発者向けスタイルガイド[注2-2]で使われている言葉を表2-1に紹介します。スタイルガイドとは、文書の書き方や表記に関する基準をまとめたものです。IT業界では特定のプログラミング言語を対象にしたものも作成されています。文書間・プログラム間の統一性を保持し、コミュニケーションを円滑にする目的があります。

表2-1 注意書きの見出し	
Note	読者にとって有益となる補足情報やコツを記載するのに使う
Caution	注意して進むよう読者に知らせる場面で使う
Warning	「Caution」よりも強く注意喚起する場面で使う。無視したらデータ消失や経済的損失が発生し得るようなケース
Success	操作が成功した場面やエラーがない場面で使う

また、規格（ISOやANSI）で定義されている言葉もあります。たとえばISO 3864-2では、危害や切迫の度合いに応じて「CAUTION」（注意）、「WARNING」（警告）、「DANGER」（危険）が定義されています。特に人体に危害が及ぶ可能性がある機器やデバイスのマニュアルを作成する際は、こういった規格への準拠も検討します。

● 重要な単語と表現集

マニュアルでよく用いられる重要な単語と表現を紹介します。マニュアルで中心になる操作（UI操作）の説明では「**動詞**」が重要となるため、はじめによく使われる動詞を取り上げます。その後に**「できる」を表す無生物主語構文**のほか、**推奨や参照の表現**を紹介します。

● 入力の動詞

まず、文字などの入力に関連する動詞です。

enter 他動詞 **入力する**
例 Enter a new value in the **Value** field.
（「値」フィールドに新しい値を入力します。）
解説 キーボードを含む、さまざまな手段による入力

type 他動詞 **入力する**
例 Type the password for your account.
（お使いのアカウントのパスワードを入力します。）
解説 キーボードによる入力

inputにも「入力する」（他動詞）の意味がありますが、動詞で使われるケースはそれほど多くありません。使われる場合は名詞が大部分です。動詞の「入力する」には、上記のenterかtypeを使いましょう。

● 選択の動詞

次に、項目などの選択に関連する動詞です。

choose 他動詞 **選択する**
例1 You can choose a different icon for the project.
（そのプロジェクトに別のアイコンを選択できます。）

例2 Choose **Yes** to close the window.
（ウィンドウを閉じるには「Yes」を選択します。）
解説 一般的に「選ぶ」際に使う

select 〔他動詞〕 選択する
- 例1 In the menu bar, select **File** > **Export**.
  （メニュー・バーで「ファイル」→「エクスポート」と選択します。）
- 例2 Select a file and choose **Delete**.
  （ファイルを選択し、「削除」を選択します。）
- 解説 複数ある選択肢から選んだり、テキストやチェックボックスを選択状態にしたりする際に使う

　「選択する」という動詞には、chooseかselectのどちらかを使います。ほぼ言い換えが可能ですが、テキストやチェックボックスの選択にはselectを使います。また、selectの例2にあるように、「何らかの操作対象（ファイルなど）を選んだ後、コマンド（削除など）を選ぶ」状況を説明することがあります。このときにselectとchooseを組み合わせることが可能で、前段階の操作対象選択にselect、後段階のコマンド選択にchooseを使います。

⊕有効／無効、オン／オフの動詞

　有効と無効、オンとオフの切り替えに関する動詞です。

enable 〔他動詞〕 有効にする
- 例 Choose **Yes** to enable screen rotation.
  （画面回転を有効にするには「はい」を選択します。）
- 解説 反意語は disable なので、セットにする場合は disable を使う

disable 〔他動詞〕 無効にする
- 例 To enable or disable automatic update, open the **Settings** window.
  （自動アップデートを有効または無効にするには、「設定」ウィンドウを開きます。）

- 解説 反意語は enable なので、セットにする場合は enable を使う

turn on／off 〔他動詞〕 オン／オフにする
- 例1 To turn on your tablet, press and hold the side button.
  （お使いのタブレットをオンにするには、横のボタンを長押しします。）
- 例2 **Note**: You can turn off notifications in the **Preferences** window.
  （「プリファレンス」ウィンドウで通知をオフにできます。）
- 解説 機能や電源のオンまたはオフで使う

　表現としてはenableやdisableはやや硬め、turn on ／offはそれよりも日常語に近くなります。そのため、読者が専門家の場合はenableやdisable、一般ユーザーの場合はturn on ／offを選んでもよいでしょう。

⊕ チェックボックス操作の動詞

　UI要素の中でもチェックボックス（通常はcheckboxと1語）の操作に関する表現は、英語圏でも迷う人が多いようです。まず、チェックボックスを選択または選択解除する動詞として、次が使われます。

check 　他動詞 **チェックする**
　例 Check the **USB Debugging** checkbox in the **Development** window.
　（「開発」ウィンドウで「USBデバッギング」チェックボックスをチェックします。）
　解説 チェックマークを入れる意味

select 　他動詞 **選択する**
　例 Select the checkbox for **Use default**.
　（「デフォルトを使用」のチェックボックスを選択します。）
　解説 チェックマークを入れて選択状態にする意味

clear 　他動詞 **クリアする**
　例 Clear **USB Debugging**.
　（「USBデバッギング」をクリアします。）
　解説 チェックマークを外す意味

deselect 　他動詞 **選択解除する**
　例 You can select or deselect **Don't ask again for this site**.
　（「このサイトでは再度尋ねない」を選択または選択解除できます。）
　解説 selectの反意語

uncheck 　他動詞 **チェック解除する**
　例 To change these settings, uncheck **Lock**.
　（これらの設定を変更するには、「ロック」をチェック解除します。）
　解説 checkの反意語

　選択と選択解除の動詞は、どれも現実にはよく用いられています。そのため、どれを選んでも違和感はありませんが、ドキュメント内ではできるだけ統一を図ります。大手IT企業では英語スタイルガイドを発行しており、GoogleとMicrosoftでは「select」と「clear」、Appleは「select」と

「deselect」を推奨しています。この指針を参考にしてもよいでしょう。

⊕デバイス操作

　続いてデバイス操作に関連する動詞です。マウス、物理キー、タッチ画面に分けて解説します。

マウス

click　[他動詞] クリックする

例 Click **OK** to close the dialog.
（「OK」をクリックしてダイアログを閉じます。）

解説 自動詞を使った「click on ○○」という表現も可能だが、Googleや Appleの英語スタイルガイドでは推奨されていない。デバイスに依存しない操作の場合、代わりに chooseや selectを使ってもよい。何かをクリックしたままの操作（長押し）は「click and hold ○○」で表現できる

left-click／right-click／double-click
[他動詞] 左クリックする／右クリックする／ダブルクリックする

例 Double-click the file to open for editing.
（このファイルをダブルクリックし、編集するために開きます。）

解説 clickの複合語の場合、ハイフンでつないで1語とする

drag　[他動詞] ドラッグする

例 Drag the files into the new folder.
（ファイルを新しいフォルダにドラッグします。）

解説 「drag and drop ○○」とする必要はない（drop動作は drag操作に含まれるため冗長になる）。マウス操作だけでなく、タッチ操作でも使える

物理キー

press　[他動詞] 押す

例1 Press Control+C to stop.
（停止するには、Control+Cを押します。）

例2 Press and hold the side button to turn off your device.
（お使いのデバイスをオフにするには、横のボタンを長押しします。）

解説 キーボードやスマホなどの物理キーや物理ボタンを押す操作に使う。類義語の pushはあまり使われない。何かを押したままの操作（長押し）は「press and hold ○○」で表現できる

タッチ画面

tap　[他動詞] タップする

例 Tap **Play** to resume.
（再開するには「Play」をタップします。）

解説 タッチ画面を指やペンで押す操作に使う。デバイスに依存しない操

作の場合、代わりにchooseやselectを使ってもよい。「ダブルタップする」は「double-tap ○○」とハイフンでつないで1語とする

tap and hold／touch and hold 〔他動詞〕
長押しする

例 Touch and hold an item in the list, and then tap **Edit**.
（リスト内で項目を長押しし、続いて「編集」をタップします。）

解説 touch（画面を触る操作）は1語ではあまり使われない。1語の場合はtapが一般的。大手IT企業のスタイルガイドでは、Microsoftが「tap and hold」とする一方で、

Appleは「touch and hold」を推奨している。どれを採用するにしてもマニュアル内で統一を図る

swipe 〔自動詞／他動詞〕 スワイプする

例 Swipe left to see the next page.
（次のページを見るには、左にスワイプします。）
➡ left（左に）は副詞。他にright（右に）、up（上に）、down（下に）がある

解説 タッチ画面を指で払う操作に使う。下記の例のように自動詞で使うことが多い

◎ 「できる」を表現する無生物主語構文

allow、enable、letという他動詞を使い、無生物主語の構文で「あなたは○○できます」と表現できます。「<無生物主語> allow／enable／let you (to) <動詞>」の形です（letはtoなし）。次にallowとletの例を挙げます。

例 The Screen Editor allows you to configure an app screen.
（スクリーン・エディターを使うと、アプリの画面を構成できます。）

例 This dialog lets you create a project.
（このダイアログを使うと、プロジェクトを作成できます。）

ただし、「あなたは○○できます」は「**You can <動詞>**」のほうが一般的で、大手IT企業のスタイルガイドでもこちらが推奨されています。上記の例の場合、それぞれ「You can configure an app screen using the Screen Editor.」と「You can create a project using this dialog.」と書き換え

られます。悩む場合は「You can <動詞>」を使いましょう。

⊕ 推奨の表現

マニュアルでは「○○をお勧めします」と**推奨**することがあります。次のような表現が使えます。

- **We recommend that** ○○
  例 We strongly recommend that you update your plugin to version 1.5.3.
  (お使いのプラグインをバージョン1.5.3にアップデートすることを強くお勧めします。)
- **It is recommended that** ○○
  例 It is recommended that you close all windows before continuing.
  (続行する前に、すべてのウィンドウを閉じることをお勧めします。)

強く推奨する場合、stronglyやhighlyという副詞が用いられます。

⊕ 参照の表現

詳しい情報を別の場所や資料に載せている場合、「○○を参照してください」と書くことがあります。次のような表現が使えます。

- **For more information (about/on** ○○**), visit (read, seeなど)** ○○
  例1 For more information, visit example.com.
  (詳細は、example.comを訪問してください。)
  例2 For more information about how to import a user, see Import a user.

（ユーザーをインポートする方法についての詳細は、「ユーザーをインポート」を参照してください。）

- **For more details (about/on ○○), visit (read, see など) ○○**

  例 For more details on managing accounts, see Accounts.

  （アカウントの管理に関する詳細は、「アカウント」を参照してください。）

APIリファレンス
主語を省略し簡潔にメソッドを書く

　APIリファレンスとは、**ソフトウェアの開発時に参照されるドキュメント**です。「API」のAはApplication、PはProgramming、IはInterfaceで、アプリケーションのプログラミングで使うインターフェイスを表します。また「リファレンス」とは辞書のような参照用資料のことです。参照用なので、最初から最後まで通読するというより、読者は**必要なときに必要な部分だけ**を読みます。

　自社で用意したライブラリーやウェブAPIなどを開発者に使ってもらう場合、APIリファレンスは不可欠です。情報を十分かつわかりやすく提供できないと、スムーズに開発を進められません。

● サンプル

　APIリファレンスのサンプルでは2種類のAPIリファレンスを見てみます。1つ目は、**メソッドや関数の説明が中心**のAPIリファレンスです。プレゼンテーション用アプリのページを操作するAPIを例示しています。2つ目は、RESTスタイルのウェブAPIのリファレンスです。**HTTPリクエストやHTTPレスポンスの説明が中心**です。読書管理アプリに書籍を追加するAPIを例示しています。

⊕ メソッド／関数の説明が中心のAPIリファレンス

サンプル（1）

① # Class PresentationPage

② A presentation page that contains elements such as texts, images, or tables.

③

Summary

Method	Return type	Description
addTable(rows, columns)	Table	Adds a table on the page.
getTables()	Table[ ]	Returns the list of tables added on the page.
＜後略＞		

④ ## Methods

⑤ ### addTable(rows, columns)

⑥ Adds a table on the page.

The table is added at the top left corner of the page with the specified number of rows and columns.

⑦

Parameters

Name	Type	Description
rows	Integer	The number of rows in the table.⑧
columns	Integer	The number of columns in the table.

⑨ *Returns*

Table - The added table.

getTables()

⑩ Returns the list of tables added on the page.

Returns

Table[ ] - The list of table objects.

＜後略＞

クラス PresentationPage

テキスト、画像、表などの要素を含むプレゼンテーションのページ。

概要

メソッド	戻り値の型	説明
addTable(rows, columns)	Table	ページに1つの表を追加。
getTables()	Table[ ]	ページに追加された表のリストを戻す。
＜後略＞		

メソッド

addTable(rows, columns)

ページに1つの表を追加。
表は指定の行数と列数で、ページ左上の隅に追加される。

パラメーター

名前	型	説明
rows	Integer	表内の行の数。
columns	Integer	表内の列の数。

戻り値

Table - 追加された表。

getTables()

ページに追加された表のリストを戻す。

戻り値

Table[ ] - 表オブジェクトのリスト。
＜後略＞

RESTスタイルのウェブAPIリファレンス

サンプル (2)

⑪

Endpoints:

- **Books**
  - Create a book POST
  - Retrieve a book GET
  - Update a book PATCH
  - Delete a book DELETE

＜後略＞

⑫

Create a book

POST https://books-api.example.com/v1/bookshelves/{bookshelfId}/books

⑬Creates a new book item in the specified bookshelf.

⑭**Request**

Path parameters

Parameter name	Type	Description
bookshelfId	string	The identifier of the bookshelf.

Query parameters

None.

Request body

Property name	Type	Description
title	string	The title of the book.
author	string	The name of the book author. Optional. ⑮
＜後略＞		

Example

```
    {
        "title": "Moby Dick",
```

```
        "author": "Herman Melville",
    <後略>
```

⑯**Responses**

200 - application/json

⑰Returns the identifier of the added book.

Example
```
    {
        "bookID": "a000001289"
    }
```

400 - application/json

Returns an error if the input is invalid.

参考訳

エンドポイント：

- 本
- 本を作成 POST
- 本を取得 GET
- 本を更新 PATCH
- 本を削除 DELETE

<後略>

本を作成

POST https://books-api.example.com/v1/bookshelves/{bookshelfId}/books

指定の本棚内に新しい本の項目を作成。

リクエスト

パス・パラメーター

パラメーター名	型	説明
bookshelfId	string	本棚の識別子。

クエリ・パラメーター

なし。

リクエストボディー

プロパティー名	型	説明
title	string	本のタイトル。
author	string	本の著者の名前。任意。
＜後略＞		

例

```
{
    "title": "Moby Dick",
    "author": "Herman Melville",
＜後略＞
```

レスポンス

200 - application/json

追加された本の識別子を戻す。

例

```
{
    "bookID": "a000001289"
}
```

400 - application/json

入力が無効な場合はエラーを戻す。

● ドキュメントの主要素と構造：メソッド／関数

続いて、一般的な**APIリファレンスの主要素と構造**を確認します。

まず、メソッド／関数の説明が中心のAPIリファレンスです。さまざまなプログラミング言語のライブラリーやフレームワークが典型的な利用場面です。サンプル（1）を使って説明します。

⊕ 見出し（❶）

ページまたはセクションの見出しです。通常、クラスがあればクラス単位でページを作成します。

⊕ 全体説明（❷）

そのページまたはセクションに含まれる全体的な内容を1〜数文程度で簡潔に説明します。クラスのセクションであれば、その説明です。

⊕ 概要（❸）

APIリファレンスは必要なときに参照するドキュメントです。そのため、**全体像がすぐわかるような概要**を記載します。読者はまず概要で全体を把握し、そこから自分が求める詳細情報に（リンクをたどって）移動します。つまり、「**概要→詳細**」の形式になっています。

サンプル（1）では❸の「Summary」が概要で、メソッドの一覧が記載されています。サンプル内にはメソッドしかありませんが、定数、コンストラクター、プロパティーなどの情報があれば、その概要を記載できます。

⊕ 詳細

概要の各項目についての詳細情報です。ここではメソッドや関数の詳細を例にします。サンプルを見ると、❹の「Methods」以降で各メソッド

の詳細が1つずつ紹介されています。前述のように、定数やコンストラクターなどがあればここで詳しく説明します。

名前（❺）

メソッドや関数の名前です。

説明（❻）

メソッドや関数の説明です。後述するように、動詞で書き始める形が一般的です。

パラメーター（❼）

メソッドや関数に入力する情報です。通常、メソッド名や関数名に書かれた各パラメーター（parameter）を**表形式**でまとめます。サンプルの「addTable(rows, columns)」というメソッドであれば、「rows」と「columns」の説明です。

戻り値（❾以降）

メソッドや関数が戻す情報です。**ReturnやReturnsのような見出し**で書きます。

◉主要素と構造

主要素をまとめると次の通りです。「詳細」は、メソッドや関数では必須とし、定数やコンストラクターなどでは任意としています。

- 見出し
- 全体説明
- 概要
- 詳細（メソッド／関数）

- 名前
- 説明
- パラメーター
- 戻り値
- 詳細（定数、コンストラクターなど）（任意）
  - 名前や説明など

構造を図示すると、図2-2のようになります。

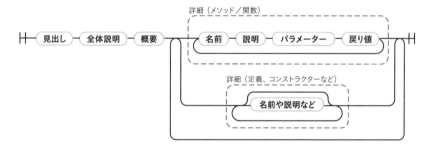

● ドキュメントの主要素と構造：ウェブAPI

続いて、**RESTスタイルのウェブAPIリファレンス**です。サンプル（2）を使って説明します。

●目次（⑪）

実行可能な処理や操作の一覧です。サンプルでは「Endpoints:」というタイトルになっています。ページの内部ではなく、左や右に目次の形で掲載するほうが一般的です。APIリファレンスは参照用資料であるため、**目次で全体像を提示する**と、読者は必要な情報を見つけやすくなります。

⊕見出し（⑫）

ウェブAPIでは、処理内容（サンプルの「Create a book」）やHTTPメソッド（POSTやGETなど）がセットで見出しになります。また、すぐ近くにエンドポイント（URL）も掲載します。

⊕説明（⑬）

処理の全体的な説明を簡潔に記述します。

⊕リクエスト（⑭以降）

ウェブAPIに入力する情報です。通常は「パラメーター」と「リクエストボディー」に分けて掲載します。なお、パラメーターにはパス（path）やクエリ（query）があります。リクエストのサンプル（Example）も掲載すると、読者の理解は進むでしょう。

⊕レスポンス（⑯以降）

ウェブAPIが戻す情報です。各レスポンスでは、成功なら「2xx」、失敗なら「4xx」など、適切な**HTTPステータスコードを見出しに付与**します。また、戻される情報を理解しやすくするために、できるだけサンプルも掲載します。

⊕主要素と構造

主要素をまとめると、次の通りです。目次はページの内部には置かれないことが多いため、ここでは任意項目としておきます。

- 目次（任意）
- 見出し
- 説明
- リクエスト

- レスポンス

構造を図示すると、図2-3のようになります。

図2-3　APIリファレンス（ウェブAPI）の構造

COLUMN ドキュメントの自動生成

　APIリファレンスを自分で一から書くことも可能ですが、ドキュメントの自動生成ツールを使うと作成する労力を省けることがあります。ツールを活用することで、メソッドの説明文など人が書かなければならない部分だけに集中できます。

　たとえばPython言語のAPIリファレンスであれば、ソースコードにdocstringでパラメーターや戻り値を記述しておくと、Sphinxのようなツールでドキュメントを生成できます。Python以外の言語でも同様の仕組みやツールは存在します。また、ウェブAPIの場合はOpenAPI仕様に沿って記述すると、Swagger UIのようなツールでドキュメント化できます。

　継続的あるいは大規模にドキュメントを作成する必要がある場合、こういった仕組みやツールの活用も検討してみましょう。

● 表現のポイント

　上記のように、APIリファレンスと一口にいっても、APIの種類によって構造が異なることがあります。しかし、英語表現の面から見ると、**ほとんど共通**しています。

⊕ 主語を省略して動詞から書く

　メソッドや関数、あるいはウェブAPIの処理を説明する文は、**主語を省略して動詞から書き始めます**。サンプルの例文を挙げると下記の通りです。

　　　❻ Adds a table on the page.
　　　❿ Returns the list of tables added on the page.
　　　⓭ Creates a new book item in the specified bookshelf.
　　　⓱ Returns the identifier of the added book.

　いずれも主語が省略され、三人称単数現在形の動詞（Adds、Returns、Creates）から文が始まっています。省略とは、完全な文としては必要であるものの、意味的にはなくても問題ない場合に省かれる現象です。読者は文脈から主語を推測可能です。たとえば❻では「This method」のような主語、⓭では「This API」のような主語が省略されていると想像できます。主語を省略して動詞を先頭に置くことで、読者は**「これがどのような動作をするか」をすぐに把握**できます。とりわけAPIリファレンスのような参照用資料では、目的の情報を見つけやすくすることが重要です。

　なお、サンプルではすべて三人称単数現在形（例：Adds）でした。しかし、組織やプロジェクトによっては原形（例：Add）を使うこともあります。省略して動詞から書き始める場合、方針を決めてどちらかに統一するようにしましょう。

⊕ 説明は名詞句も可能

　名詞句とは、数語が集まって名詞と同じ働きをするかたまりです。パラメーターや戻り値などの説明では、主語と動詞がそろった完全な文ではなく、名詞句だけで書くことがよくあります。文ではありませんが、末尾にピリオドも置かれます。サンプルで確認しましょう。

❷ A presentation page that contains elements such as texts, images, or tables.

❽ The number of rows in the table.

⓯ The name of the book author. Optional.

　なお、❷の動詞containsは関係代名詞thatに対応する動詞なので、全体として文にはなっていません。また⓯では「Optional」という形容詞も使われています。

　このように完全な文ではなく、名詞句（場合によっては⓯のような形容詞）のみで書くことにより、**説明が簡潔**になります。

　何度か触れているように、参照用資料であるAPIリファレンスの場合、読者にとって重要なのは情報の見つけやすさです。そのため、主語を省略して動詞から始めたり、説明で名詞句を使ったりします。APIリファレンスを英語で作成する際は、この特徴を念頭に置いて書くようにしましょう。

● 重要な単語と表現集

　次にAPIリファレンスでよく使われる単語と表現を確認します。

⊕ 文頭の動詞

　メソッドや関数、ウェブAPIの処理を説明するときは、主語を省略して動詞から書き始めるのが一般的です。その際によく用いられる動詞を紹介します。例の中で動詞は三人称単数現在形（Addsなど）としていますが、原形（Addなど）で統一する方針を立てても構いません。

add：追加する

例 Add a new item to the list.
（新しい項目をリストに追加する。）

call：呼び出す

例 Called when the mouse button is pressed.
（マウスボタンが押されたときに呼び出される。）

解説 受動態 called の形で、呼び出されるメソッドや関数を説明。省略されているのは「This method is」のような主語と be 動詞

check：確認する

例 Checks if the given year is a leap year.
（与えられた年がうるう年かどうかを確認する。）

解説 「Check if (whether) ○○」の形でよく用いられ、メソッドや関数の場合、戻り値はブール値のことが多い

construct：（コンストラクターで）生成する

例 Constructs a new CalendarEvent object with the specified parameters.
（指定のパラメーターで新規 CalendarEvent オブジェクトを生成する。）

create：作成する

例 Creates an empty file in the default directory.
（デフォルトのディレクトリーに空のファイルを作成する。）

delete：削除する

例 Deletes the image caption, if one exists.
（もし存在する場合、画像のキャプションを削除する。）

解説 類義語に remove がある。delete は保存されたデータや情報を削除するニュアンス、remove はある場所から物や人を除去するニュアンスで用いられる

determine：判別する

例 Determines whether the specified username exists.
（指定されたユーザー名が存在するかどうかを判別する。）

解説 「Determine if (whether) ○○」の形でよく用いられ、メソッドや関数の場合、戻り値はブール値のことが多い

get：取得する

例 Gets the path to the configuration file.
（構成ファイルへのパスを取得する。）

解説 類義語に retrieve があり、ほぼ同じ文脈で使える。get よりも retrieve のほうが専門用語に近く、データベースなどを検索して取得するニュアンスがある

indicate：示す

例 CENTER - Indicates that the text should be centered.
（CENTER - テキストは中央揃えにすべきだと示す。）

解説 例のような定数の説明でよく用いられる

remove：削除する

例 Removes all items from the list.
（リストからすべての項目を削除する。）

解説 類義語にdeleteがある。ニュアンスの違いはdeleteを参照

retrieve：取得する
例 Retrieves the current locale of the system.
（システムの現在のロケールを取得する。）
解説 類義語にgetがあり、ほぼ同じ文脈で使える。ニュアンスの違いはgetを参照

return：戻す、返す
例 Returns the size of this file in bytes.
（このファイルのサイズをバイト単位で戻す。）

set：設定する
例 Sets the title of this dialog.
（このダイアログのタイトルを設定する。）

specify：指定する
例 Specifies the height and width of the image in pixels.

（画像の高さと幅をピクセル単位で指定する。）

throw：（例外を）スローする
例1 Throws an exception if the given ID does not exist.
（与えられたIDが存在しない場合、例外をスローする。）
例2 IllegalArgumentException - Thrown if the source directory is the same as the destination directory.
（IllegalArgumentException - 移動元ディレクトリーが移動先ディレクトリーと同じ場合、スローされる。）
解説 例2のように受動態thrownの形で、スローされる例外を説明。省略されているのは「This exception is」のような主語とbe動詞

update：更新する
例 Updates the label with the given value.
（与えられた値でラベルを更新する。）

⊕ Returnの表現

文頭で用いられる動詞のうち、実際に**使われる機会が最も多い**のは「**return**」でしょう。関数やメソッド、あるいはウェブAPIから戻される情報について説明します。前述の「文頭の動詞」で取り上げた例文を再掲します。

例 Returns the size of this file in bytes.
（このファイルのサイズをバイト単位で戻す。）

例文のReturnsの目的語、つまり戻される情報は「the size」です。こ

の目的語の位置にはさまざまな言葉が入ります。いくつか例を見てみましょう。

ブール値（true、false）

例 Returns true if the given key exists, false otherwise.

（与えられたキーが存在する場合、trueを戻す。そうでなければfalse。）

条件に合致すればtrue（またはfalse）、そうでなければ逆の値を戻すと書きたいケースがあります。「そうでなければfalse」は、上記の例のように文末にカンマを挟んで「, false otherwise.」や「, else false.」を加えることで表現できます。反対に「そうでなければtrue」は「, true otherwise.」や「, else true.」とします。

また、引数で与える情報に言及する際は、例のようなgivenを使って「given key」としたり、specifiedを使って「specified value」（指定された値）としたりします。

配列、リスト（array、list）

例 Returns a paginated list of registered users.

（登録ユーザーのページネーションされたリストを戻す。）

値（value）

例 Returns the current value as a string.

（現在の値を文字列として戻す。）

数（number）

例 Returns the number of rows in this table.

（この表内の行数を戻す。）

例文にある「the number of ○○」は「○○の数」です。「a number of ○○」は「多数の○○」です。**theとaで意味が変わる**ので注意しましょう。

サイズ、長さ、幅など（size、length、widthなど）

例 Returns the length of the given string.

（与えられた文字列の長さを戻す。）

⊕見出しの言葉

　APIリファレンスは参照用資料であるため、**読者が求める情報**を見つけやすくします。そのためには一般的によく用いられている見出しの言葉を使いましょう。たとえば、ページ内のセクション見出しや表のヘッダーです。そういった見出しで使える言葉をまとめます。以下では使用場面を想定して分けていますが、適切であれば他の場所でも使えます。

全般

detail：詳細

default：デフォルトの 　形容詞

default value：デフォルト値

description：説明

example：例

note：注

optional：任意の 　形容詞

required：必須の 　形容詞

return：戻り 　名詞

return value：戻り値

summary：概要

value：値

メソッドや関数が中心のAPIリファレンス

attribute：属性

constant：定数

constructor：コンストラクター

deprecated：非推奨の 　形容詞

exception：例外

field：フィールド

method：メソッド

parameter：パラメーター

property：プロパティー

syntax：シンタックス、構文

type：型

ウェブ API

authentication：認証	request body：リクエストボディー
authorization：認可	response：レスポンス
endpoint：エンドポイント	response body：レスポンスボディー
payload：ペイロード	schema：スキーマ
query parameter：クエリ・パラメーター	scope：スコープ
path parameter：パス・パラメーター	status：ステータス、状態
request：リクエスト	status code：ステータスコード

　上記の名詞はすべて単数形としていますが、見出し以下の項目が複数あるケースでは複数形としたほうが適切なことがあります。

コミュニケーションに使う
ドキュメントタイプ

本章では、ユーザーやクライアントとの
コミュニケーションに使うドキュメントタイプを取り上げます。
「プロダクト説明」、「リリースノート」、そして「通知メール」です。
なお、読者特典として別途提供している「FAQ」も
このカテゴリーに含まれます。

01 プロダクト説明
プロダクトの魅力が伝わるように書く

プロダクト説明は、アプリやサービスなどの**プロダクトを紹介するド
キュメント**です。これからプロダクトを使おうとするユーザーを対象読者
として、その特徴や機能をまとめたウェブページが代表的です。**プロダ
クトの魅力が十分に伝わるような書き方**をします。

● プロダクト説明のサンプル

まず、プロダクト説明のサンプルを見てみましょう。オンライン商談
ができるウェブアプリケーション「Simple Sales Meeting」を紹介していま
す。

サンプル

①Simple Sales Meeting

②A web application that simplifies your online business meetings. This powerful
tool automatically transcribes your conversations, allowing you to focus solely
on engaging your potential clients.

③Proven Track Record
④We have a rich history of serving more than 50 clients around the globe.

⑤Start Business Talks Instantly, No Registration Required
Just by sharing a URL through email, you can kick-off business talks with
your potential clients right away.

⑥Turn Your Conversations into Text with AI

⑦You no longer need to take notes during meetings as our advanced AI accurately converts your conversations into written format. Learn more about our state-of-the-art AI technology here.
⑧

⑨**Cloud Storage for Your Recordings**
All talks are recorded and stored on the cloud, ensuring access to crucial dialogues when needed.

⑩**Effortlessly Share Documents**
⑪Easily share sales materials during a meeting. You can also play videos seamlessly.   ⑫

⑬■ **What our customers are saying**
"... reduced the time that I spend on minute-taking drastically."
Taro Yamada, ABCD Corporation
Read the full story

⑭■ **Pricing**
Choose the pricing plan that suits your company's requirements:
- **Starter**
    - $50 per user per month (billed annually)
    - Up to 1 hour per sales meeting
    - Monthly video storage of up to 5 hours
- **Standard**
    - $150 per user per month (billed annually)
    - No restrictions on sales meeting duration
    - Monthly video storage of up to 50 hours

⑮■ **Try for Free**
Experience a 14-day free trial. Sign up today.
⑯

⑰■ **Frequently Asked Questions (FAQs)**
Q: Do I need to install dedicated software?
A: No, all you need is a web browser. It is compatible with the latest versions of Chrome, Edge, and Safari.

Q: How long does it take to set up?
A: Since it is a cloud-based solution, you can start using it immediately as long as you have an internet connection.

参考訳

Simple Sales Meeting

オンライン商談をシンプルに開催できるウェブアプリ。話した内容は自動的にテキストに変換されるので、見込み客との会話だけに集中できる。

豊富な導入実績
全世界で50社以上への導入実績があります。

ユーザー登録不要ですぐに商談
見込み客にメールでURLを送るだけで、すぐに商談を開始できます。

商談内容はAIでテキストに変換
話した内容が弊社の最新AIでテキストに正確に変換されるため、商談中にメモを取る必要はありません。弊社最新AIの詳細は<u>こちら</u>を参照。

録画はクラウドに保存
商談は録画され、クラウド上に保存されます。重要な会話を後で確認できます。

資料を簡単に共有
商談中に営業資料を簡単に共有しましょう。一体的に動画の再生も可能です。

■ 顧客の声
「議事録の作成にかかる時間を大幅に短縮できました」
　　山田太郎氏（株式会社ABCD）
　　<u>全体を読む</u>

■ 価格
御社のニーズに応じて選択してください。
- **Starter**
  - 1ユーザーあたり月50米ドル（年払い）
  - 1回の商談は1時間まで
  - 動画保存は毎月5時間まで
- **Standard**
  - 1ユーザーあたり月150米ドル（年払い）
  - 商談時間に制限なし
  - 動画保存は毎月50時間まで

■ 無料試用

14日間の無料試用が可能です。今すぐ登録。

■ FAQ

Q. 専用ソフトウェアのインストールが必要ですか?

A. いいえ、必要なのはウェブブラウザだけです。最新版のChrome、Edge、Safari
に対応しています。

Q. 導入にどのくらい時間がかかりますか?

A. クラウド版なので、インターネット接続さえあればすぐに利用を開始していただけ
ます。

● ドキュメントの主要素と構造

プロダクト説明の主要素と構造を見てみましょう。

●プロダクト名（①）

一般的に**プロダクト名は大きく表示**され、ロゴや画像の形で視覚的に目
立つようにすることもあります。

●プロダクト全体の説明（②の段落）

どのようなプロダクトであるのかを**短く簡潔な言葉**で書きます。とりわ
けプロダクト名から機能が推測しづらい場合、ユーザーはここから何の
プロダクトかを把握するため、重要な説明になります。

●特徴や機能の紹介（③、⑤、⑥、⑨、⑩以降）

プロダクトにある個々の特徴や機能を説明します。通常、特徴や機能
は複数あるので何度か繰り返し登場します。サンプル内では③、⑤、⑥、
⑨、⑩以降の5つあります。それぞれ、次のような部品で構成されます。

見出し

数語程度で**簡潔に示した見出し**です。たとえば❸では「Proven Track Record」です。

サンプルでは「タイトル・スタイル」で統一されていますが、「センテンス・スタイル」やすべて大文字で書くことも可能です。基本的にはどれかに統一することが望ましいですが、場合によっては1カ所だけすべて大文字で書いて意図的に目立たせることも可能です。なお、タイトル・スタイルとセンテンス・スタイルについては、第5章06を参照してください。

説明文

その**特徴や機能を1〜数文程度で説明**します。たとえば❺では「Just by sharing a URL through email, you can kick-off business talks with your potential clients right away.」です。

詳細ページへのリンク

特徴や機能をさらに詳しく説明するページや資料がある場合、そこへのリンクを掲載できます。任意の項目です。

⊕顧客の声（⓭以降）

プロダクトを実際に利用している顧客の声を紹介できます。実際の顧客に証言してもらうことで、プロダクトへの信頼性が高まります。サンプルで掲載しているのは1人だけですが、複数の顧客の声を掲載したほうが効果は高いです。また、掲載の有無や場所は任意です。

⊕料金の紹介（⓮以降）

有料のプロダクトの場合、料金やプランの説明を追加できます。掲載の有無や配置の場所は任意です。

⊕ 試用や会員登録の勧誘（⑮以降）

　試用や会員登録などを勧める情報を記載できます。こちらも掲載の有無や配置の場所は任意です。

⊕ FAQ（⑰以降）

　よくある質問を掲載できます。これも任意の要素ですが、FAQは最後のほうに配置される傾向があります。

⊕ 主要素と構造

　プロダクト説明の主要素をまとめると次の通りです。

- プロダクト名
- プロダクト全体の説明
- 特徴や機能の紹介
  - 見出し
  - 説明文
  - 詳細ページへのリンク（任意）
- 顧客の声（任意）
- 料金の紹介（任意）
- 試用や会員登録の勧誘（任意）
- FAQ（任意）

構造を図示すると、図3-1のようになります。

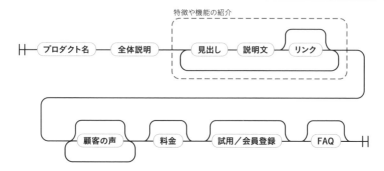

図3-1　プロダクト説明の構造

● 表現のポイント

続いて、プロダクト説明で使われる表現のポイントを解説します。

◉ 魅力を伝える表現

プロダクト説明では、その魅力が伝わるような表現が多用されます。ここでは「**形容詞と副詞**」、「**無生物主語構文**」、「**数字による裏付け**」の3点を説明します。

形容詞と副詞

名詞を修飾する「形容詞」や、その形容詞や動詞を修飾する「副詞」をうまく使うことで、プロダクトの魅力を効果的に伝達できます。そのような例を表3-1と表3-2でいくつか挙げてみます。

表3-1　プロダクトの魅力を伝える形容詞

単　語	意　味	単　語	意　味
powerful (❷)	強力な、高性能の	advanced (❼)	最新の、先端的な、高度な
rich (❹)	豊富な、豊かな	state-of-the-art (❽)	最新の、最先端の

表3-2　プロダクトの魅力を伝える副詞			
単　語	**意　味**	**単　語**	**意　味**
automatically (❷)	自動的に、自動で	Easily (⓫)	容易に、簡単に
Instantly (❺)	すぐに、即座に	seamlessly (⓬)	シームレスに、円滑に
accurately (❼)	正確に		

　プロダクト説明でよく用いられる形容詞や副詞は数多くあります。よく用いられるものは次ページの「重要な単語と表現集」にまとめました。

無生物主語構文

　話題にしたいもの（無生物）を主語にした構文にすると、その主語が中心となる力強い文を書けることがあります。たとえば、サンプル❷の「This powerful tool automatically transcribes your conversations, allowing you to focus solely on engaging your potential clients.」です。主語は「This powerful tool」です。

　この文は、たとえば You を主語にして「You can use this powerful tool to automatically transcribe your conversations …」のようにも書けます。しかし、サンプルの無生物主語構文に比べると、目的語の位置にある「this powerful tool」の印象は弱いでしょう。

　無生物主語構文は頭の片隅に置いておき、効果がありそうな場面で使用を検討してみましょう。プロダクトの魅力を伝える際によく使われる動詞を「重要な単語と表現集」の「魅力を伝える動詞」に記載しています。こういった動詞を使うと無生物主語構文で書きやすくなります。

数字による裏付け

　具体的な数字を挙げることで、プロダクトの性能や実績を**客観的に提示**できます。たとえば❹の「more than 50 clients」です。

✛ 見出しで省略が多用

　特徴や機能の紹介では「**省略**」が用いられることがあります。省略とは、完全な文としては必要なものの、意味上は省いても問題ない言葉（主語、助動詞、冠詞、接続詞など）が省かれる現象です。省略により、**簡潔でインパクトのある表現**になります。

　とりわけ見出し部分では省略が多用されます。たとえば❺は「Start Business Talks Instantly, No Registration Required」となっています。Start という動詞で始まっており、主語にあたる言葉（You can など）が省略されています。そのため命令文とも解釈できます。また、前半と後半はカンマだけでつながれていますが、通常、2つの文をつなぐには等位接続詞（and や but）が必要です。これも省略されています。さらに、後半ではRegistration と Required の間で助動詞 is が省略されています。

　省略を使うことで、伝えたい情報だけを簡潔に読者に提示できます。特に見出しでは省略はむしろ一般的なので、上手に活用しましょう。

✛ 行動を促す表現

　プロダクト説明では、潜在ユーザーに対して登録や購入などの**行動を促す表現**がよく使われます。その場合は命令文を用いることになりますが、please はあまり使われません。日本語だと「～してください」と丁寧な表現が普通なので英語でも同じように書きたくなりますが、**please なしの簡潔な命令文**のほうが一般的です。たとえば⓰にある「Sign up today.」です。

▶ 重要な単語と表現集

　プロダクト説明でよく用いられる重要な単語と表現を紹介します。

❂ 魅力を伝える形容詞

まずはプロダクトの魅力を伝える形容詞です。形容詞は名詞を修飾したり、文の補語になったりします（第5章03で説明）。

accessible：利用しやすい、アクセスしやすい
- 例 accessible product
  （使いやすいプロダクト）

accurate：正確な、正しい
- 例 accurate results（正確な結果）

advanced：最新の、先端的な、高度な
- 例 the most advanced technology
  （最先端のテクノロジー）

amazing：すばらしい、驚くような
- 例 amazing experiences
  （すばらしい体験）

automatic：自動の
- 例 automatic updates
  （自動アップデート）

○○-based：○○ベースの
- 例 cloud-based infrastructure
  （クラウドベースのインフラストラクチャー）

best-in-class：同種で最高の
- 例 best-in-class technology
  （同種で最高のテクノロジー）

built-in：内蔵の、組み込みの
- 例 built-in security feature
  （内蔵されたセキュリティ機能）

certified：認証された
- 例 Qi-certified devices
  （Qi認証済みデバイス）

compatible：互換性のある
- 例 Compatible with PDF/X
  （PDF/X互換）

complete：完全な
- 例 complete solution
  （完全なソリューション）

comprehensive：総合的な、包括的な
- 例 comprehensive solutions
  （総合的ソリューション）

connected：接続状態の
- 例 Stay connected with your family
  （常に家族とつながりましょう）

consistent：一貫した、変わらない
- 例 consistent experience across all channels
  （すべてのチャネルで一貫した体験）

cost-effective：費用対効果の高い
- 例 cost-effective storage
  （費用対効果の高いストレージ）

custom：カスタムの
- 例 custom solutions for your business
  （お客様のビジネスに合わせたカスタムのソリューション）

customizable：カスタマイズ可能な
- 例 customizable templates
  （カスタマイズ可能なテンプレート）

dedicated：専用の
- 例 dedicated resources
  （専用リソース）

easier：より簡単な
> 例 It makes collaboration much
> easier.
> （これによってコラボレーションが
> もっと簡単になります。）

easy-to-○○：○○しやすい
> 例 easy-to-use APIs
> （使いやすいAPI）

enhanced：強化された
> 例 enhanced security
> （強化されたセキュリティ）

enterprise-grade：企業向け水準の
> 例 enterprise-grade data protection
> （企業向け水準のデータ保護）

fast：速い、高速の
> 例 Fast and Secure （速くて安全）

faster：より速い、より高速
> 例 Up to 50% faster graphics
> （最大50％高速化されるグラフィッ
> ク）

flexible：柔軟な
> 例 Flexible storage options
> （ストレージの柔軟な選択肢）

high-performance：高性能な
> 例 high-performance routers
> （高性能ルーター）

high-quality：高品質の
> 例 high-quality streaming
> （高品質ストリーミング）

improved：改良された、進歩した
> 例 improved connectivity
> （改良された接続能力）

integrated：統合された
> 例 an integrated solution for
> databases

（データベース向け統合ソリューショ
ン）

intuitive：直観的な
> 例 intuitive user interface
> （直観的なUI）

latest：最新の
> 例 latest technology
> （最新テクノロジー）

leading：一流の、主導する
> 例 industry-leading cloud platform
> （業界を主導するクラウドプラット
> フォーム）

optimized：最適化された
> 例 optimized for real-time rendering
> （リアルタイムのレンダリングに最適
> 化）

personalized：パーソナライズされた、
個人に合わせた
> 例 personalized recommendations
> （個人に合わせたレコメンデーショ
> ン）

○○-powered：○○で動く
> 例 AI-powered chatbots
> （AIで動くチャットボット）

powerful：強力な、高性能の
> 例 powerful data security
> （強力なデータセキュリティ）

productive：生産的な
> 例 Keep your APIs secure and
> productive.
> （御社APIを安全かつ生産的に。）

real-time：リアルタイムの、即時の
> 例 real-time collaboration
> （リアルタイムのコラボレーション）

reliable：信頼できる、信頼性の高い
　例 reliable platform
　　（信頼できるプラットフォーム）

scalable：スケーラブルな、拡張性の高い
　例 Our systems are highly scalable.
　　（弊社システムは高い拡張性を備えています。）

secure：安全な
　例 a secure way to pay with your phone
　　（携帯電話で支払いをする安全な方法）

simple：シンプルな
　例 simple and flexible pricing model
　　（シンプルで柔軟な価格モデル）

trusted：信頼された
　例 Trusted by more than 1,000 companies
　　（1,000社を超える企業から信頼）

ultimate：究極の、最高の
　例 The ultimate IDE for developers
　　（開発者向けの究極のIDE）

unlimited：無制限の
　例 unlimited revision history
　　（無制限の編集履歴）

⊕ 魅力を伝える副詞

　続いて、魅力を伝える副詞です。動詞や形容詞を修飾します。数語から成る副詞句も入っています。

automatically：自動的に、自動で
　例 Automatically create backup files
　　（バックアップファイルを自動で作成）

easily：容易に、簡単に
　例 Edit photos easily
　　（写真を簡単に編集）

efficiently：効率的に
　例 Efficiently manage desktops
　　（デスクトップを効率的に管理）

for free：無料で
　例 Try for free （無料で試用）

fully：完全に
　例 a fully programmable device
　　（完全にプログラム可能なデバイス）

highly：高度に、非常に
　例 highly secure database
　　（非常に安全なデータベース）

in one place：1カ所で
　例 Keep all your files in one place.
　　（すべてのファイルを1カ所で保持。）

in real time：リアルタイムで、即座に
　例 Chat and collaborate in real time
　　（リアルタイムでチャットしてコラボレーション）

instantly：すぐに、即座に
　例 Make an app instantly
　　（即座にアプリを作る）

quickly：すばやく、すぐに
　例 Scale your storage quickly
　　（ストレージをすばやくスケール）

seamlessly：シームレスに、円滑に
　例 Seamlessly integrate with your app
　（あなたのアプリとシームレスに統合）

securely：安全に
　例 Send your files securely
　（安全にファイルを送信）

⊕ 魅力を伝える動詞

　魅力を伝える言葉の最後に、動詞をまとめます。無生物主語に対応する動詞としても使えます。

accelerate：加速する
　例 Accelerate your entire company
　（御社全体を加速）

allow：可能にする（「allow <人> to <動詞>」で）
　例 Our technology allows you to securely send files.
　（弊社のテクノロジーで、ファイルを安全に送信できます。）

automate：自動化する
　例 Automate routine tasks
　（退屈なタスクを自動化）

boost：上昇させる、伸ばす
　例 Boost your productivity with our solution.
　（弊社ソリューションで御社の生産性を上昇。）

come with ○○：○○が付属
　例 Your device comes with 6 months of free technical support and a one-year warranty.
　（ご購入のデバイスには6カ月間の無償技術サポートと1年間の保証が付属しています。）

deliver：提供する、（成果を）もたらす
　例 Our product delivers advanced security at every layer.
　（弊社プロダクトはあらゆるレイヤーで高度なセキュリティを提供します。）

eliminate：除去する、解消する
　例 Eliminate complexity in your infrastructure
　（御社インフラの混沌を解消）

empower：力を与える、可能にする
　例 Empower everyone to automate tasks
　（誰もがタスクの自動化が可能に）

enable：可能にする（「enable <人> to <動詞>」で）
　例 MyOwnWorkspace app enables you to collaborate with anyone.
　（MyOwnWorkspaceアプリで誰とでもコラボレーションができます。）

feature：○○を特徴とする
　例 The new app features easy-to-use privacy controls.
　（新アプリは使いやすいプライバシー管理が特徴です。）
　注：「特徴」という名詞としても非常に

頻繁に使われる

give：提供する、実現させる

例 Our solution gives your team the freedom to work from anywhere.
（弊社ソリューションで、どこからでも働ける自由が御社チームで実現します。）

help：助ける、楽にする、可能にする（「help <人> <動詞>」で）

例 The new feature helps you deploy virtual machines.
（新しい機能で仮想マシンのデプロイが楽になります。）

注：「help <人> to <動詞>」とtoを入れる書き方も可能だが、入れないことのほうが多い

improve：改善する、向上させる

例 Built-in power management improves reliability
（内蔵の電源管理機能で信頼性が向上）

increase：増やす、上昇させる

例 Increase productivity by automating tasks
（タスクを自動化して生産性を上昇）

let：可能にする（「let <人> <動詞>」で）

例 The new tool lets developers manage containers easily.
（新しいツールで開発者はコンテナを簡単に管理できます。）

make：○○を△△にする（「make <目的語> <補語>」で）

例 MyOwnWorkspace app makes collaboration a lot easier.
（MyOwnWorkspaceアプリでコラボレーションがより一層簡単に。）

maximize：最大化する

例 Maximize your revenue with new features
（新機能で御社の収益を最大化）

optimize：最適化する

例 Our analysis tool helps you optimize your systems.
（弊社の分析ツールでシステムが最適化されます。）

provide：提供する、備えている

例 The latest version provides the ability to efficiently manage devices.
（最新バージョンは、デバイスを効率的に管理する力を提供します。）

reduce：削減する

例 Reduce cost and improve productivity with MyOwnWorkspace app.
（MyOwnWorkspaceアプリでコストを削減して生産性を向上。）

simplify：簡単にする、シンプルにする

例 New dashboard simplifies user management
（新しいダッシュボードでユーザー管理が簡単に）

support：対応する、サポートする

例 Our devices now support up to 8K
（弊社デバイスがついに最大8Kまで対応）

⊕ 参照や勧誘の表現

読者に別のページを参照してもらったり、会員登録を促したりしたいことがあります。そういった場合に使える表現をいくつか紹介します。

for details：詳細は
例 Visit example.com/app for details about our app.
（弊社アプリの詳細はexample.com/appにアクセスしてください。）

for more information：詳細は
例 For more information, see example.com/app.
（詳細はexample.com/appを参照してください。）

get started：始めましょう
例 Get started with Simple Sales Meeting today!
（今日からSimple Sales Meetingを始めましょう!）

learn more：もっと知る
例 Learn more about our solution
（弊社ソリューションについてもっと知る）

read more：もっと読む
例 Read more about MyOwnWorkspace app
（MyOwnWorkspaceアプリについてもっと読む）

sign up for ○○：○○に登録する
例 Sign up for a free account
（無料アカウントに登録）

02 リリースノート
リストを使って新情報を伝える

製品やサービスがリリースされた際、**変更点や新機能などの情報をまとめるドキュメント**がリリースノートです。**リストを使って簡潔に記述する**形が一般的です。

● リリースノートのサンプル

リリースノートのサンプルを見てみましょう。本章01でも登場した、オンライン商談ができるウェブアプリケーション「Simple Sales Meeting」のリリースノートです。

サンプル

Release Notes

September 14, 2023

New features
- Speech-to-text conversion
    - You can now convert your conversations into text using AI.
- Video sharing on cloud storage
    - You can export and share video files on Google Drive, OneDrive, and Dropbox.

Fixes
- Fixed an issue where profile pictures were not displayed when more than five people participated in a conversation.
    - Issue #10123
- Fixed an issue where conversation history was not automatically updated.

- Issue #10117

July 20, 2023
Changes
- Changed the minimum number of characters required for a password when creating a new account.

Known issues
- Profile pictures are not displayed when more than five people participate in a conversation.
    - Issue #10123
    - Workaround: Turn off profile picture display in settings.

May 18, 2023
Improvements
- Added Simplified Chinese and Traditional Chinese as display languages for the UI.
- Reduced the time required for video saving to complete.

Fixes
- Fixed an issue where Arabic characters were not displayed when entered in a conversation name.
    - Issue #10087
- Fixed an issue that sometimes caused the preview to fail to display.
    - Issue #10061

参考訳

リリースノート

2023年9月14日
新機能
- 音声からテキストへの変換
    - AIを使って会話をテキストに変換できるようになりました。
- クラウド・ストレージ上でのビデオ共有
    - Google Drive、OneDrive、およびDropboxにビデオファイルをエクスポートして共有できるようになりました。

修正点

- 5人以上が会話に参加した場合にプロフィール写真が表示されない問題を修正。
    - 問題番号10123
- 会話履歴が自動的に更新されない問題を修正。
    - 問題番号10117

2023年7月20日

変更点

- 新規アカウント作成時にパスワードで必要な最低文字数を変更。

既知の問題

- 5人以上が会話に参加した場合にプロフィール写真が表示されない。
    - 問題番号10123
    - 回避策：設定でプロフィール写真表示をオフにする。

2023年5月18日

改善点

- UIの表示言語として簡体字中国語と繁体字中国語を追加。
- ビデオ保存の完了までに必要な時間を短縮。

修正点

- 会話名にアラビア文字を入力すると表示されない問題を修正。
    - 問題番号10087
- プレビュー表示の失敗がたまに発生する原因となっていた問題を修正。
    - 問題番号10061

● ドキュメントの主要素と構造

次に、ドキュメントの主要素と構造を確認します。

✛ タイトル（❶）

1回分のリリースノート全体のタイトルです。一般的に「**バージョン番号**」や「**日付**」が用いられます。たとえばウェブアプリでは日付のみが記載されることもありますし、インストール型のアプリでは両方が記

載されることもあります。サンプルはウェブアプリで、❶にあるように「September 14, 2023」と日付のみが記載されています。読者が最新情報から閲覧できるように、新しいリリースノートが上に追加されています。

なお、サンプル最上部にあるページ名は「Release Notes」と複数形になっています。通常、英語では複数形で使われる点に注意してください。

⊕カテゴリー別の見出し（❷、❺、❼、❾、⓫）

1回のリリースノートにはさまざまな情報が盛り込まれます。そのため、読者が情報を把握しやすいようにカテゴリー別の見出しを付けて**情報を整理**します。

サンプルを見ると、次のカテゴリーの見出しが付けられています。

- 新機能（❷）
- 修正点（❺）
  - ➡修正された問題やバグのID（「Issue #10123」など）を記載することも
- 変更点（❼）
- 既知の問題（❾）
  - ➡そのリリースでは修正されなかったが、存在を把握している問題のこと
  - ➡問題やバグのIDと、あれば回避策を記載することも
- 改善点（⓫）

サンプルには掲載されていませんが、次の見出しも使われます。

- 非推奨となった点（Deprecations）

こういったカテゴリー別の見出し名は、リリースノートごとに変わらな

いよう、**できるだけ一貫して使います**。たとえば、上記サンプルで「修正点」は「Fixes」が一貫して使われています。修正点を意味する見出しとしては、他に「Bug fixes」や「Resolved issues」といった言葉も考えられます。しかし、リリースごとに見出し名が変わってしまうと、読者は混乱してしまう恐れがあります。組織やプロジェクトによっては、あらかじめタグ（「FIX」や「FEATURE」など）を用意し、各項目の先頭に付加している事例もあります。

⊕ 主要素と構造

　リリースノート1回分の主要素と構造を次にまとめます。タイトルは必須ですが、カテゴリー別の見出しはすべてのリリースに必ずしも登場するわけではないため任意です。順序も不同です。

　カテゴリー別の見出しとして代表的なものを7つ挙げていますが、状況に応じてこれ以外を使っても問題ありません。また、小規模なリリースの場合はカテゴリー別の見出しを付けないこともあります。

- タイトル
- 新機能（任意）
- 改善点（任意）
- 修正点（任意）
- 変更点（任意）
- 既知の問題（任意）
- 非推奨となった点（任意）

　構造を図示すると、図3-2のようになります。

図3-2 リリースノートの構造

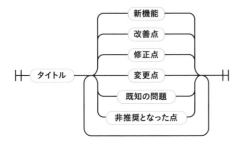

● 表現のポイント

続いて表現のポイントです。

◉ リストを多用する

リリースノートは変更点や新機能などをまとめたドキュメントです。読者にとって必要な情報がすぐに見つけられるよう、**リストが多用**されます。

サンプルの ❸ は「Speech-to-text conversion」と、リスト項目には名詞句が用いられています。その下位レベル項目である ❹ は「You can now convert your conversations into text using AI.」と主語も動詞もある完全な文が用いられています。さらに、❻ では「Fixed an issue where conversation history was not automatically updated.」と主語を省略した文が使われています。このように、リスト内の項目は文であっても文以外（名詞句など）でも問題ありませんが、リスト内のレベルが同じ場合は**表現を統一**したほうがよいでしょう。統一されていないと読者は情報を探しづらくなります。

◉ 主語を省略して動詞から書く

上記のように、文の主語を省略し、動詞から始める書き方がよく見られます。❻ の「Fixed an issue where …」や ❽ の「Changed the minimum number of …」です。

　主語の省略はAPIリファレンスやコメントなどでも見られ、「Adds a table …」のように「三人称単数現在形」が使われます。一方、リリースノートでは「Fixed an issue where …」や「Changed the minimum number of …」のように「**過去形**」が用いられるのが一般的です。すでに修正された問題点やすでに変更された点について説明するためです。

● 重要な単語と表現集

　最後に重要な単語と表現をまとめます。

◎ 見出しの言葉
　前述の「ドキュメントの主要素と構造」で、カテゴリー別の代表的な見出しを6つ挙げました。それぞれの見出しについて、一般的に使われる英語表現をいくつか紹介します。

新機能
New features：新しい機能

Features：機能
　例 Features in ○○
　解説 ○○はバージョン番号。「Features in version 3.2」など

What's new：新しいもの

改善点
Improvements：改善点
　例 Improvements in ○○
　解説 ○○はバージョン番号。「Improvements in 3.1.5」など

Performance improvements：性能の改善

Enhanced features：向上した機能

修正点
Fixes：修正点
　例 Fixes in ○○
　解説 fixは「修正」という名詞で、複数形がfixes。○○はバージョン番号。「Fixes in v0.11.8」など

Bug fixes：バグ修正

Resolved issues：解決した問題

変更点

Changes：変更点

例 Changes in ○○

解説 change は名詞である点に注意。複数形で changes。○○はバージョン番号。「Changes in MyApp 1.5.1」など

Breaking changes：破壊的変更

解説 互換性に影響する変更のこと

既知の問題

Known issues：既知の問題

例 Known Issues in ○○

解説 ○○はバージョン番号。「Known Issues in version 5.8.4」など。サンプル内の⑩のように、回避策は「Workaround」

非推奨となった点

Deprecations：非推奨

解説 deprecation は「非推奨」という名詞。形容詞の「deprecated」（非推奨の）が使われることもある

⊙ リリース項目の文頭の動詞

　リリース項目では主語を省略して動詞から始める書き方が多用されます。サンプルの❻や❽などです。文頭は各項目でユーザーがまず目にする部分なので、**内容を適切に表す単語を選ぶこと**が重要になります。文頭で用いられる動詞のうち、頻出する10個について解説します。

added：追加した

例 Added an option to hide a profile picture.
（プロフィール写真を非表示にするオプションを追加。）

changed：変更した

例 Changed the way the config file is handled so that it is read first.
（最初に読み込まれるよう、構成ファイルの処理方法を変更。）

corrected：修正した

例 Corrected an issue where JSON files were not included in backups.
（JSON ファイルがバックアップに含まれていなかった問題を修正。）

解説 同義語に fix があり、fix のほうがよく用いられる

deprecated：非推奨にした

例 Deprecated the */api/v1/books* endpoint and replaced it with the */api/v1/library* endpoint.
（*/api/v1/books* エンドポイントを非推奨にし、*/api/v1/library* エンドポイントに置換。）

enhanced：向上させた、強化した、改善した

例 Enhanced book search filters.
（書籍検索フィルターを改善。）

解説 類義語に improve があり、improve のほうがよく用いられる。enhance はややフォーマルなニュアンス

fixed：修正した

例1 Fixed a bug where users were not able to save large videos.
（ユーザーが大きなビデオを保存できなかったバグを修正。）

解説 関係副詞 where を使った「Fixed a bug（issue、problem）where ＜従属節＞」の形が非常によく用いられる。関係副詞 where の先行詞は普通「場所」であるが、bug や issue が先行詞となっている

例2 Fixed an issue that caused profile pictures to display incorrectly.
（プロフィール写真の不正確な表示を引き起こした問題を修正。）

improved：改善した

例 Improved performance for viewing group lists.
（グループ一覧の表示のパフォーマンスを改善。）

removed：削除した

例 Removed support for Windows 7.
（Windows 7 のサポートを削除。）

resolved：解決した

例 Resolved an issue related to incorrect upload error messages.
（アップロードの不正確なエラーメッセージに関連した問題を解決。）

updated：更新した

例 Updated the minimum required version of Python from 3.4 to 3.5.
（Python の最小バージョン要件を 3.4 から 3.5 に更新。）

　小規模なリリースノートではカテゴリー別の見出しを付けないことがあります。その場合、読者が**リリース内容をすぐに把握できるような動詞**を文頭に置くことが重要です。たとえば問題の修正をしたのであれば、fixed や resolved を使うとわかりやすくなります。

⊕ 新機能の表現

　リリースノートで強調したいのはやはり新機能です。しかし、プロダクト説明と違ってリリースノートでは**簡潔な表現**が好まれます。リリースノートの新機能の説明で頻繁に用いられる表現を紹介します。

You can now ○○：○○することが可能に
> 例 You can now convert your conversations into text using AI.
> （AIを使って会話をテキストに変換できるようになりました。）
>
> 解説 nowを使うことで、ついに待望の機能が実現したニュアンスが出せる

○○ is now available：○○が利用（入手）可能に
> 例 Simple Sales Meeting v1.8 is now available for iOS.
> （Simple Sales Meeting v1.8がiOS向けに利用可能に。）

○○ is generally available：○○が一般公開に
> 例 Simple Book Tracker is generally available.
> （Simple Book Trackerが一般公開に。）

○○ is available in Beta (Alpha、Preview)：○○がベータ版（アルファ版、プレビュー版）で利用可能に
> 例 AI Translator is now available in Beta.
> （AI Translatorがベータ版で利用可能に。）

Added support for ○○：○○のサポートを追加
> 例 Added support for iOS 17.
> （iOS 17のサポートを追加。）

Added the ability to ○○：○○する機能を追加
> 例 Added the ability to edit a favorite list.
> （お気に入りリストを編集する機能を追加。）

03 通知メール
システムが自動で送信するメールを書く

　本節では通知メールを扱います。たとえば、ユーザー登録後にユーザーに送信する**「ようこそ」メール**や、**メンテナンスの予定を連絡するメール**です。アプリを開発したりシステムを設定したりしていると、こういった自動送信メールや定型文メールを英語で書かなければならないことがあります。なお、社内や取引先とのビジネスコミュニケーションに使うようなメールは本節では扱いません。

● 通知メールのサンプル

　通知メールのサンプルとして3つのメールを取り上げます。1つ目はユーザー登録後の「ようこそ」メール、2つ目はメンテナンス予告メール、3つ目は誰かがログインしたことを通知するログイン通知メールです。

○ 「ようこそ」メール

サンプル (1)

① **Welcome to Simple Book Tracker!**

② Hello Taro,

③ Thanks for signing up for Simple Book Tracker! We're thrilled to have you on board.
Below are all the resources you need to get started.

　　- User Guide: This guide will walk you through all the features of Simple Book Tracker. [**Learn the basics**]

- Community: You can connect with other users, share tips, or request new features. [**Join the community**]
- Video: Visit our YouTube channel to find latest tutorials. [**Watch videos**]
- Blog: Stay up to date with the latest news, feature updates, and announcements. [**Check updates**]

We hope you enjoy using our app to track your book collection!

Thanks,
The Simple Book Tracker Team

Simple Book Tracker, Inc. 9-99-9 Ginza, Chuo-ku, Tokyo
Copyright © 2024 ABCD Inc. All Rights Reserved.

参考訳

Simple Book Trackerへようこそ!

Taro様

Simple Book Tracker にご登録いただき、ありがとうございます。ご利用[注3-1]いただけることを大変うれしく思っております。
利用開始に必要なすべての資料は下記の通りです。

- ユーザーガイド：このガイドではSimple Book Tracker の全機能の使い方を順に説明します。[**基本を学ぶ**]
- コミュニティ：他のユーザーとつながったり、コツを共有したり、新機能をリクエストしたりできます。[**コミュニティに参加**]
- ビデオ：弊社YouTube チャンネルにアクセスし、最新のチュートリアルをご覧ください。[**ビデオを見る**]
- ブログ：最新のニュース、機能の更新情報、お知らせをいち早く入手できます。[**更新情報を確認**]

弊社アプリを活用し、楽しく蔵書を追跡していただけたら幸いです。

今後ともよろしくお願いいたします。
Simple Book Trackerチーム

Simple Book Tracker 株式会社 東京都中央区銀座9-99-9
Copyright © 2024 ABCD Inc. All Rights Reserved.

⊕ メンテナンス予告メール

Upcoming System Maintenance - August 26

Dear Customer,

We would like to inform you that we will be conducting scheduled system maintenance to improve the performance of our API. The maintenance will begin on Saturday, August 26, 2023, from 7 PM to 10 PM UTC.
During this period, the API will not be available for use.
We apologize for any inconvenience this may cause and appreciate your understanding. If you have any questions, please do not hesitate to contact our support team. They will be more than happy to assist you.

Best regards,
ABCD Support

近日予定のシステムメンテナンス - 8/26

お客様

APIのパフォーマンス向上を目的に、弊社でシステムメンテナンスの実施を予定していることをお知らせします。メンテナンスは、2023年8月26日（土）の午後7時から10時（UTC）まで実施されます。
この期間中、APIをご利用いただくことはできません。
お客様にご迷惑をおかけすることをお詫び申し上げます。ご理解いただけると幸いです。
ご質問がある場合は弊社サポートチームまで遠慮なくご連絡ください。喜んでサポートいたします。

よろしくお願い申し上げます。
ABCD サポート

⊕ログイン通知メール

サンプル（3）

⑬Security alert: New sign-in

⑭Hi Hanako,

⑮Your account has just been signed in from a new device.
　　- Date: November 12, 2023, 8:27 AM (UTC)
⑯　- Approximate location: Shibuya, Tokyo
　　- Browser: Chrome
If this was you, you can ignore this alert. Otherwise, be sure to change your password.

⑰ABCD Team
----
⑱You received this security alert because you registered for ABCD. [**Email preference**]

参考訳

セキュリティアラート：新しいサインイン

Hanako様

あなたのアカウントが新しいデバイスからサインインされました。
　　- 日付：2023年11月12日、8:27 AM（UTC）
　　- おおよその場所：東京都渋谷区
　　- ブラウザ：Chrome
もしあなた自身でサインインしたのであれば、このアラートを無視して問題ありません。
そうでなければ、パスワードの変更をお願いいたします。

ABCDチーム

このセキュリティアラートを受信したのはABCDに登録しているためです。[**メール設定**]

● ドキュメントの主要素と構造

それでは、マニュアルの主要素と構造を見てみましょう。

● 件名（❶、❽、⓭）

メールの件名です。**本文の内容がすぐに把握できる**ように書きます。必要な情報は盛り込みつつ、**長くなりすぎないように注意**します。

たとえば❽は「Upcoming System Maintenance - August 26」とあります。メンテナンスの予告と日付だけです。具体的な時刻は本文を読まなければなりませんが、日付だけでも件名に書き添えておくと、読む側はどの程度差し迫った話（「今日？　来月？」）なのかがすぐに判断できます。また⓭は「Security alert: New sign-in」です。単にセキュリティアラートだと幅が広すぎるため、新しいサインインである旨を補足しています。❽も⓭も、メインの内容の後にハイフン（-）またはコロン（:）を置き、続けて補足情報を記載しています。

なお、件名はタイトル・スタイルまたはセンテンス・スタイルのどちらでも構いません。タイトル・スタイルとは、各単語（冠詞と短い前置詞を除く）の最初を大文字にする書き方です。❽がその例です。一方、センテンス・スタイルとは、最初の単語だけ大文字にする書き方です。⓭がその例です（コロンの後は文頭と考えて大文字）。両スタイルについては第5章06の「タイトルと見出し」で詳しく解説しています。

● 頭語（❷、❾、⓮）

メール本文の前に置くあいさつです。❷の「Hello Taro,」や⓮の「Hi Hanako,」のように個人名を用いる場合も、❾の「Dear Customer,」のように一般名を用いる場合もあります。

ただし、メールの内容やレイアウトによっては頭語を置かないケースもあります。たとえば、非常に短いアラートや、ニュースレターのように

ウェブページに近いコンテンツです。

⊕本文（ ❸、❿、⓯ 以降）

ビジネスメールとは違って通知メールは**実用的な情報**を伝えるのが目的です。そのため、本文を構成する際は、**まず伝えたいことを書くように**しましょう。たとえば❿では、まずメンテナンスを予告した上で、次の文で日時を伝えています。「ご迷惑をおかけします」のような言葉はその後の段落に盛り込んでいます。

また、複雑な情報を伝える場合、**リストを使って見やすくする**のも手です。❸以降ではリソースを、⓯以降では日付などをリストにしています。こうすると視覚的に情報を把握しやすくなります。

⊕結語（ ❺、⓬）

メール本文の後に置くあいさつです。❺の「Thanks,」や⓬の「Best regards,」のような言葉です。結語は書くのが一般的ですが、サンプル（3）のように書かないケースも見られます。

通常はその後に「The Simple Book Tracker Team」や「ABCD Support」など、メール送信者の名前を記載します。

⊕フッター（ ❼、⓲）

結語の後にメールのフッターを追加することがあります。記載すべき情報があれば、必要に応じて追加します。

❼では、送信者の住所や著作権情報が記されています。また⓲では、メール受信設定のリンクが記載されています。

⊕主要素と構造

通知メールの主要素をまとめると次の通りです。

- 件名
- 頭語（任意）
- 本文
- 結語（任意）
- フッター（任意）

構造を図示すると、図3-3のようになります。

● 表現のポイント

次に、通知メールで使われる表現のポイントを解説します。

● フォーマル度を調整する

通知メールであっても、通常のビジネスメールと同様に、相手との関係や伝達内容を考えた上で**言葉づかいなどのフォーマル度を調整**する必要があります。

たとえばサンプル（1）は、相手が個人ユーザー（消費者）であり、アプリの利用開始という双方にうれしい内容です。そのため、「Hello Taro,」とファーストネームで呼び、「Thanks for signing up for Simple Book Tracker!」と感嘆符を付けてカジュアルに書いています。

一方サンプル（2）は、相手がAPIを使う企業ユーザーと想定され、かつメンテナンスという迷惑がかかる恐れのある内容を伝えています。そのため「Dear Customer,」と呼び、「We would like to …」や「… appreciate your understanding」と丁寧で改まった言葉づかいをしています。

　フォーマル度が直接的に反映されるのが頭語や結語です。そこで頭語と結語の表現をフォーマル度順にいくつか紹介します。

頭語

　左がよりフォーマル、右がよりカジュアルです。

- **Dear**（❾）
  - 例 Dear Taro Yamada, ／
    Dear Mr. Yamada, ／
    Dear Taro, ／
    Dear Customer, ／
    Dear Partner,

- **Hello**（❷）
  - 例 Hello Taro Yamada, ／
    Hello Taro, ／Hello Developer,
- **Hi**（⓮）
  - 例 Hi Taro, ／Hi there,
- **Hey**
  - 例 Hey Taro, ／Hey there,

　完全にフォーマルであれば、Dearがよいでしょう。HiやHeyはカジュアルなので、個人ユーザー宛の通知メールであれば使えます。

　相手の呼び方にも注意が必要です。個人名を使う場合、カジュアルに近づくとファーストネームのみで呼びかける傾向が強くなります。また、個人名がわからない（取得できない）場合、**CustomerやDeveloperといった一般名**が使えます。

結語

　左がよりフォーマル、右がよりカジュアルです。

- Sincerely,
- Best regards,（⓬）
- Regards,

- Thanks, ／Thank you,（❺）
- Cheers, ／Take care,

頭語と結語は、フォーマル度が比較的近いものを選びます。たとえば Dearであれば SincerelyやBest regards、Hiであれば Regardsや Thanksあたりです。

なお、結語は上記に挙げたもの以外にも数多くあります。上記で単調に感じるようであれば、別の表現を探して試してみてもよいでしょう。たとえばニュースレターであれば、「Thanks for tuning in,」のようにラジオ番組で使われるような表現も見られます。

自社の代名詞はwe

会社として通知メールを送る場合、自社の代名詞はweを使います。サンプル内の ④ や ⑩ です。所有格であればour、目的格であればusとなります。

送信者名で便利な「Team」

結語の直後には送信者の名前を記載します。もちろん会社名で問題ありませんが、最近は「Team」が使われるケースが目立ちます。サービス名や製品名、あるいは組織名の後にTeamを加えるだけの便利な書き方です。たとえば、サンプル内の ⑥ の「The Simple Book Tracker Team」や ⑰ の「ABCD Team」です。

なお、Teamは自分がメールを送信する際にも使えます。たとえば「Hello MyApp Team,」という頭語です。メールを送るときに担当者名がわからない場合、以前からある「To whom it may concern,」よりも、この「Hello MyApp Team,」や「Dear Developer,」といった書き方が好んで使われます。

時刻を書くときはタイムゾーンも

通知メールでは、メンテナンスやログインなどの時刻を連絡することがあります。世界各地にユーザーがいる場合は、**タイムゾーンを明示**す

るようにしましょう。サンプル ⑪ の「from 7 PM to 10 PM UTC」や ⑯ の
「8:27 AM (UTC)」では「UTC」（協定世界時）と書かれています。

● 重要な単語と表現集

　忙しいユーザーは、通知メールの本文まではなかなか読みません。そ
のため**内容を十分把握できるような件名**を書いておきたいところです。そ
こで、典型的な通知メールの種類ごとに、メール件名の例とそのポイン
トを解説します。

⊕「ようこそ」メール

　ユーザーがサービスに登録した後に送信するメールの件名です。

Welcome to Simple Book Tracker!（サンプルの ❶）

> 解説 最も一般的な「ようこそ」メール。「Taro, welcome to ○○」のように、個人名
> を追加して親しみを持ってもらうことも可能

Your Simple Book Tracker account has been created

> 解説 やや事務的な印象。堅いサービスや企業ユーザー向けには適切なことも

Confirm your ABCD account email address

> 解説 サービス登録時にメールアドレスの確定処理が必要な場合の件名例

⊕ メンテナンス

　メンテナンスの予告や完了を知らせる際に送るメールの件名です。

Upcoming System Maintenance - August 26（サンプルの ❽）

> 解説 予告では「upcoming」（近く起こる）、「scheduled」（予定されている、予定の）
> という形容詞が使える

Reminder: Maintenance scheduled for 7 PM UTC tomorrow

> 解説 メンテナンスのリマインダー。具体的な日付ではなく「tomorrow」のような書き方
> も可

Simple Book Tracker Maintenance Complete
> 解説 メンテナンス完了を通知

● アラート

新しいデバイスからのログイン時、パスワードなどの変更時などに自
動送信するメールの件名です。

Security alert: Sign-in from a new device
> 解説 新しいデバイスからのログインがあったことを通知。見出しの「Security alert」だ
> けでは具体性に欠けるので、コロンの後に詳細を追加する

Taro, verify your new device
> 解説 新しいデバイスの確認を依頼。「Taro,」と個人名で呼びかけることで親しみを感
> じてもらおうとしている

Security alert: Your password was changed
> 解説 パスワード変更があったことを通知。見出しの後にコロンを置き、詳細を追加し
> ている

Your account has been accessed from a new IP address
> 解説 新しいIPアドレスからアクセスがあったことを通知。1つの文で説明する

● 変更通知

続いて、利用規約などの修正、新機能の追加、サービスの終了といっ
た変更を知らせるメールの件名です。

Changes to Simple Book Tracker's Terms of Service
> 解説 ここのchangeは名詞。「○○への変更」は「Changes to ○○」。類似の表現に
> 「Updates to ○○」(○○への更新) がある

New Feature: Sharing Your Bookshelf with Friends
> 解説 見出しに「New Feature」(新機能)と付けることで、メールの意図を明確にした
> 上で、受信者の関心を引こうとしている

Simple Book Tracker: You can now share your bookshelf with friends
> 解説 上と同じ新機能の通知。見出しをサービス名とし、コロンの後で詳細を文の形
> で説明している

We will begin to sunset Simple Book Tracker in 2025

> **解説** sunsetは「（サービスなどを）終了させる」という動詞、または「（サービスなどの）終了」という名詞。似た表現に「phase out」があり、「（段階的に）廃止する」の意味

開発で書く
ドキュメントタイプ

本章では、ソフトウェアの開発時に
ITエンジニアが書くドキュメントタイプを取り上げます。
ソフトウェア上に表示される「UIとメッセージ」、
ソースコード内に記述する「名前とコメント」です。

01 UIとメッセージ
ソフトウェア上に表示される情報を書く

　ユーザーインターフェイス（UI）は、**ユーザーがソフトウェアに指示したり、ソフトウェアがユーザーに情報を提供したりする環境**です。大きく分けて、アイコンやボタンを使うGUI（グラフィカルユーザーインターフェイス）と、文字入力によるコマンドを使うCUI（キャラクターユーザーインターフェイス）があります。

　本節ではGUIを念頭に置き、まず**ボタンやメニューといったUI要素**を英語で書く際のポイントをまとめます。続いて、エラーメッセージなど、**ソフトウェアがユーザーに表示するメッセージの書き方**について解説します。

● UIとメッセージのサンプル

　UIとメッセージのサンプルでは、読んだ本を記録できるウェブアプリケーション「Simple Book Tracker」を取り上げます。アプリのUIと、そこで表示されるメッセージを例にします。

サンプル (1)：UI

　まずはアプリのUIです。4つの画面を例示しています。左側メニューから「Bookshelf」、「Add」、「Settings」、または「Account」をクリックしたら表示される画面です。

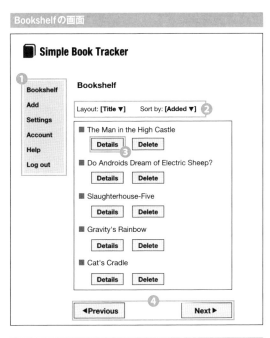

Settingsの画面

Accountの画面

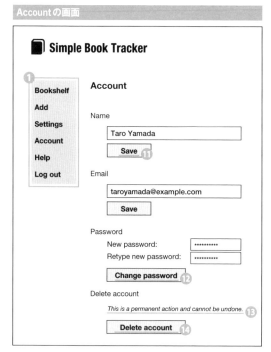

参考訳

Bookshelf の画面

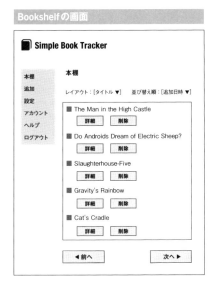

Add の画面

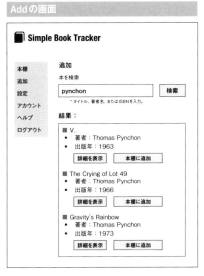

Settings の画面

Account の画面

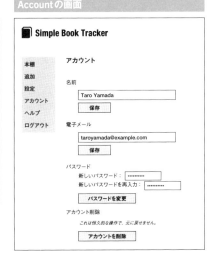

Simple Book Tracker

本棚 / 追加 / 設定 / アカウント / ヘルプ / ログアウト

設定

表示モード
◉ ライト ○ ダーク

言語とロケール
- インターフェイス言語：[英語 ▼]
- ロケール：[英語 - 米国 ▼]

ニュースレター
☑ プロダクト更新のニュースを受け取る

保存

107

サンプル（2）：メッセージ

　続いて、ソフトウェアに表示されるメッセージです。ここではユーザー視点でSimple Book Trackerを操作するシナリオを4つ想定し、シナリオ中で表示されるメッセージを英語サンプルとします。

シナリオ1：本を追加

　Add画面で「pynchon」を含む本を検索すると、いくつかの結果が表示されました。結果一覧の3つ目にある「Gravity's Rainbow」を読んだので、これを追加したいと考え、「Add to bookshelf」ボタンをクリックしたところ、次のメッセージが表示されました。

Failed to add this book. A book with the same ISBN already exists. ⑮

　今度は、結果一覧の2つ目にある「The Crying of Lot 49」の「Add to bookshelf」ボタンをクリックしたところ、次のメッセージが表示されました。

"The Crying of Lot 49" has been added. ⑯

シナリオ2：メールアドレスを変更して保存

　メールアドレスが変わったので、Account画面のEmailフィールドで「taro.example.com」と入力し、「Save」ボタンをクリックしたところ、次のメッセージが表示されました。

The email address format is invalid. ⑰
Enter a valid address. ⑱

　そこで「taro@example.com」と修正し、再度「Save」ボタンをクリックすると、次のメッセージが表示されました。

Your email address has been successfully changed! ⑲

シナリオ3：パスワードを変更して保存

　パスワードを変更したいと思い、Account画面で新しいパスワードを入力して「Change password」ボタンをクリックしたところ、次のメッセージが表示されました。

Do you want to change the password? ⑳
[Change] [Cancel]

　「Change」をクリックすると、次のメッセージが表示されました。

Passwords don't match. ㉑
Make sure you have entered the same passwords in both fields. ㉒

　パスワードを入力し直すと、次のメッセージが表示されて変更は完了しました。

Your password has been successfully changed! ㉓

シナリオ4：アカウントを削除

　アプリを使わなくなったため、アカウントを削除しようと考えました。Account画面で「Delete account」ボタンをクリックすると、次のメッセージが表示されました。

Are you sure you want to delete your account? ㉔
[Delete] [Cancel]

　「Delete」をクリックすると、次のメッセージが表示されました。

Unable to delete your account. ㉕
Please contact the developer. ㉖

　「開発元に連絡してください」と指示を受けました。結局、処理は実行されませんでした。

参考訳

シナリオ1：本を追加

この本の追加に失敗しました。同じISBNの本がすでに存在します。

『The Crying of Lot 49』が追加されました。

シナリオ2：メールアドレスを変更して保存

電子メールアドレスの形式が無効です。
有効なアドレスを入力してください。

お使いの電子メールアドレスは正常に変更されました。

シナリオ3：パスワードを変更して保存

パスワードを変更しますか?
[変更][キャンセル]

パスワードが一致しません。
両方のフィールドに同じパスワードを入力したことを確認してください。

お使いのパスワードは正常に変更されました。

シナリオ4：アカウントを削除

本当にアカウントを削除しますか?
[削除][キャンセル]

アカウントを削除できません。
開発元に連絡してください。

● ドキュメントの主要素と構造：UI

続いて、ドキュメントの主要素と構造を見てみましょう。

まずは1つ目のサンプルで取り上げたUIです。モバイルやデスクトップ、ウェブなどのアプリ上に表示される情報は、さまざまな専門家がライティングを担当します。ITエンジニアが主に書くのは、ボタン上やメニュー上に表示されるような文言です。そこでUIの主要素として、**ボタンやメニューといったコントロール**を中心にしていくつか取り上げます。

⊕メニュー（❶）

ユーザーが選択できる項目をまとめて表示します。サンプルでは画面の左側に配置されていますが、アプリによっては別の場所に置くことがあります。

⊕ドロップダウンリスト（❷）

押すと選択が完了するまで選択できる項目が開いたままになるドロップダウンリストです。サンプルのように「Layout:」や「Sort by:」といった見出しテキストを追加することがあります。

⊕ボタン（❸）

ユーザーがクリックすると、何らかの処理が実行されます。サンプル

上ではさまざまなボタンが配置されています。

⊕テキスト（❺）

ユーザーにテキストで情報提供するのに使います。ボタンとは異なり、長さの制約は厳しくありません。

⊕テキストフィールド（❻）

検索などに使う文字を入力するフィールドです。サンプルのように、何を入力するのかといった見出しテキストや補足テキストを近くに置くことがあります。

⊕ラジオボタン（❾）

選択肢のうち、いずれか1つを選ぶのに使われるコントロールです。各ボタンを説明するラベルを近くに置きます。

⊕チェックボックス（❿）

オンまたはオフを選択するコントロールです。ラジオボタンと同様、説明テキストのラベルを近くに置きます。

⊕主要素と構造

UIの主要素と構造は、設計やデザインによって大幅に異なります。構造を一般化するのは難しいので、ここでは示しません。

なお、Apple、Google、MicrosoftといったOSを提供している企業は、**アプリUIのデザイン指針をまとめた資料**を公開しています。UIをデザインする際はこういった資料も参考になります。

参照 Apple：ヒューマンインターフェイスガイドライン

https://developer.apple.com/jp/design/human-interface-guidelines

参照 Google：Material 3

https://m3.material.io/

参照 Microsoft：Fluent 2

https://fluent2.microsoft.design/

● ドキュメントの主要素と構造：メッセージ

　次にメッセージです。ソフトウェアで表示するメッセージはいくつか
に分類できます。その種類を確認しましょう。

⊕ エラー（⑮、⑰、㉑、㉕）

　ユーザーが命令した処理が失敗した場合に表示するメッセージです。

⊕ 成功（⑯、⑲、㉓）

　ユーザーが命令した処理が問題なく完了した場合に表示するメッセー
ジです。

⊕ 確認（⑳、㉔）

　ソフトウェアからユーザーに対して確認を取るメッセージです。

⊕ 指示（⑱、㉒、㉖）

　ソフトウェアからユーザーに対し、何かをするよう指示するメッセージ
です。

⊕ 主要素と構造

メッセージの種類（主要素）をまとめると次の通りです。

- **エラー**
- **成功**
- **確認**
- **指示**

サンプルのシナリオを見ると、ユーザーとソフトウェアとの間で、図4-1に示すような**やり取り（対話）**が発生していることがわかります。

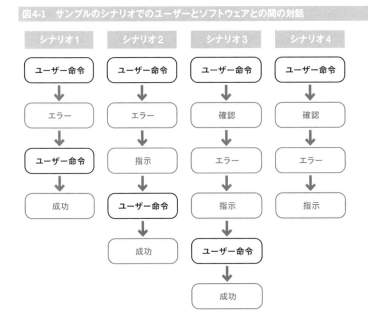

図4-1　サンプルのシナリオでのユーザーとソフトウェアとの間の対話

マニュアルやAPIリファレンスでは、文書という空間において構造が形成されていました。見出しがあり、その下に手順が書かれるといった構造です。一方、メッセージでは、対話という時間において構造が形成さ

れています。そこで、メッセージの構造は時間的な流れで説明したいと思います。図4-2を見てください。「ユーザー命令」以外はソフトウェアが表示するメッセージです。

図4-2　メッセージの構造

● 表現のポイント：UI

続いて表現のポイントです。まずはUIです。

◎ UIで一般的な言葉を使う

UIでは、ユーザーが違和感を覚えずにすぐ理解できるよう、**一般的によく用いられている言葉**を使います。

たとえば⑫に「Change password」ボタンがあります。動詞changeの同義語に「alter」がありますが、一般的に用いられるのはchangeです（alterがまったく使われないわけではありません）。そのようなUIでよく使われる動詞は121ページにある「重要な単語と表現集」にまとめているので、参考にしてください。

◎ 省略して短く書く

UIは表示スペースに限りがあります。たとえばボタンやメニュー項目では、せいぜい数ワードくらいしか書けないでしょう。そのため、**UIの言葉は短くする**必要があります。短くする方法として用いられるのが「省略」です。省略とは、完全な文としては必要なものの、意味上は省いても問題ない言葉が省かれる現象です。状況によって省略が可能なのは、主語（名詞）、目的語（名詞）、限定詞（a、the、this、my、yourなど）といっ

た言葉です。表4-1で具体的に見てみましょう。

表4-1　UIで省略できる語の具体例	
主語	⑩の「Receive news for product updates」では「I」のような主語が省略
目的語	⑧の「Add to bookshelf」では動詞addの目的語が省略。たとえば「this item」や「this book」のような言葉
限定詞	・⑫の「Change password」ではpasswordの限定詞が省略。たとえば「my」や「this」のような言葉 ・⑭の「Delete account」でもaccountの限定詞が省略。同様に「my」や「this」のような言葉

　このようにUIでは省略して書けますが、十分にスペースがある場合は無理に省略する必要はありません。たとえば⑬の「This is a permanent action and cannot be undone.」は省略のない完全な文です。

⊕ ユーザー命令は動詞が多いが、名詞や形容詞も
　ユーザー命令を実行するボタンなどのUIラベルは、**命令文**として書けるケースが多くあります。命令文とする場合は動詞原形から書き始めます。サンプル中では次のような例があります。

- ⑦の「Search」は動詞のみ
- ⑪の「Save」は動詞のみ
- ⑫の「Change password」は動詞＋目的語

　このように動詞を中心としたUIラベルが一般的であるものの、文脈上ユーザーが誤解する可能性が低い場合、動詞ではなく名詞や形容詞としたほうが短く的確に書けるケースもあります。名詞や形容詞の例も見てみましょう。

- ③の「Details」は名詞

➡ 動詞を入れた「Show details」も可だが、文脈的に誤解の可能性は低そうなので、より短い「Details」

- ❹の「Previous」と「Next」は形容詞
  ➡ 動詞を入れた「Show previous」や「Show next」も可だが、文脈的に誤解の可能性は低そうなので、より短い「Previous」と「Next」

⊙ 表現のポイント：メッセージ

次に、メッセージの表現のポイントです。主要素として示した4種類のメッセージについて解説します。

⊕エラー

まずエラーメッセージです。具体的な表現をサンプル中の例文で見てみましょう。

- ⑮：Failed to add this book. A book with the same ISBN already exists.
- ⑰：The email address format is invalid.
- ㉑：Passwords don't match.
- ㉕：Unable to delete your account.

エラーを示す際は、㉑の「don't」のように否定文で書くこともありますが、**定型的なエラー表現**も存在します。たとえば⑮の「Failed to ○○」（○○に失敗した）や、㉕の「Unable to ○○」（○○できない）は代表的な構文です。さらに、⑰の「invalid」（無効である）もエラー発生時によく使われる単語です。こういったエラー表現は、121ページの「重要な単語と表現集」にまとめます。

単にエラーが発生したという事実を伝えるのではなく、**発生の原因や**

対処方法の説明も加えたほうがよいとされています。⑮は「Failed to add this book. A book with the same ISBN already exists.」となっていますが、1文目でエラーが発生した事実を伝え、2文目でその原因（同じISBNの本がすでにある）を説明しています。原因がわからないとユーザーは不満を感じてしまいます。また、後述の「**指示メッセージ**」を使って対処方法もあわせて知らせると親切でしょう。

⊕ **成功**

次に成功メッセージです。サンプルの例を見てみます。

- ⑯："The Crying of Lot 49" has been added.
- ⑲：Your email address has been successfully changed!
- ㉓：Your password has been successfully changed!

⑲や㉓にある「successfully」（正常に）という副詞は、成功を示す際によく用いられる言葉です。successfullyの名詞はsuccess（成功）です。そこで、単に「Success!」とだけ短く表示する成功メッセージもよく見かけます。短い成功メッセージとしては、他に「Done」や「Done saving.」のような表現もあります。

⑯のように、successfullyなどの明示的な言葉を使わなくても成功したことを表現できます。特に**現在完了形**を使った場合、**ユーザーが期待する状態になったことを伝えられる**ので、成功メッセージになります。

⊕ **確認**

続いて確認メッセージです。確認メッセージでは**ソフトウェアがユーザーに確認を取る**ため、通常は**疑問文**になります。ダイアログとして表示するケースが多く、メッセージの後にはユーザーが押すボタン（「Yes」、「No」、「Cancel」、「Delete」など）を記載します。

サンプル中にある確認メッセージの例文を挙げます。

- ⑳：Do you want to change the password?
- ㉔：Are you sure you want to delete your account?

⑳も㉔も確認メッセージで非常によく用いられる表現です。この2つを含め、確認メッセージでよく用いられる構文が3つあります。

- **Do you want to ○○ ?**
  （○○したいですか？）
  - ➡ 基本的な質問表現。wantの代わりにwishを使う例もまれにあるが、wantばかり使っても問題ない
- **Would you like to ○○ ?**
  （○○したいですか？）
  - ➡ 「Do you want to ○○?」と同様の質問表現だが、ややニュアンスが丁寧
- **Are you sure you want to ○○ ?**
  （確かに（本当に）○○したいですか？）
  - ➡ ユーザーの意図を確認する表現。削除や停止など、誤って実行したらユーザーが困る可能性のある操作の確認で使う

　上記の確認メッセージは省略のない完全な疑問文です。スペースが限られていると短く表現したいケースもあります。省略する場合は「Do you want to」や「Are you sure you want to」の部分を省略し、動詞から書き始めることがあります。いくつか例文を挙げます。

- Delete?　（削除しますか？）
- Add new book?　（新しい本を追加しますか？）

- Save changes before closing?　（閉じる前に変更を保存しますか？）

　ただし、スペースに問題がなければ、省略せずに完全な疑問文とした
ほうがよいでしょう。

◎指示

　最後に指示メッセージです。指示メッセージは**ソフトウェアからユー
ザーへの指示**であるため、通常は**命令文**になります。サンプル中の例文
を確認します。

- ⑱：Enter a valid address.
- ㉒：Make sure you have entered the same passwords in both fields.
- ㉖：Please contact the developer.

　命令文なので動詞から書き始めます。⑱や㉒にあるように、操作上の
指示であれば**pleaseを付けない命令形で簡潔に**書きます。マニュアルの
操作手順を書く場合と同じです。ただし、㉖のように、ユーザーに特別
な対応を依頼するようなケースでは、pleaseを付けて丁寧に書いても問題
ありません。またどの例文も、発生したエラーへの対処方法になってい
ます。エラーメッセージを書く際は、エラーの発生だけでなく対処方法
もユーザーに知らせるとよいとされています。

　指示メッセージにも定型的な表現があります。たとえば㉒の「Make
sure (that) ○○」です。これも含め、定型的な構文をいくつか挙げます。

- **Make sure (that) ○○**
  （○○を確認してください、○○を確実にしてください）

- **Ensure (that)** ◯◯

  （◯◯を確認してください、◯◯を確実にしてください）

  例 Ensure that the latest security updates are installed.

  （最新のセキュリティアップデートがインストールされていることを確認してください。）

- **It is recommended that** ◯◯

  （◯◯をお勧めします）

  ➡ 勧めることで婉曲的に指示

  例 It is recommended that you close all applications before continuing.

  （続行する前にすべてのアプリケーションを閉じることをお勧めします。）

● 重要な単語と表現集

UIやメッセージで用いられる重要な単語や表現をまとめます。

● UIで使う動詞

UIでは操作や動作を表現する「**動詞**」が重要になります。たとえば「Delete」や「Change password」のようなボタンのラベルです。UIでは簡潔な表現が好まれるため、短くても十分に意味が伝わるよう、的確な動詞を選択する必要があります。ここではUIでよく使われる動詞を、大まかなカテゴリーに分けて提示します。一部、形容詞や副詞も含まれます。

オン・オフ

enable：有効にする
例 Enable sound
（サウンドを有効化）

disable：無効にする
例 Disable all plugins
（すべてのプラグインを無効化）

turn on/off：オン／オフにする
例 Turn on Bluetooth

（Bluetoothをオン）

switch：切り替える
例 Switch to video mode
（ビデオ・モードに切り替え）
解説 ここでは自動詞。他動詞でも使われる

toggle：切り替える
例 Toggle autosave
（自動保存を切り替え）
解説 オンとオフの切り替えで使う

block：ブロックする
例 Block cookies
（クッキーをブロック）

移動

move：移動する
例 Move toolbar to top
（ツールバーを最上部に移動）
解説 ここでは他動詞。「Move to bottom」のような自動詞もある

next：次の 形容詞
解説 1語で移動用ボタンに使われる。「Next page」（次ページ）のように名詞を修飾する形も可。セットになるのはprevious

previous：前の 形容詞
解説 1語で移動用ボタンに使われる。「Previous chapter」（前の章）のように名詞を修飾する形も可。セットになるのはnext

up：上へ 副詞
解説 1語で移動用ボタンに使われる。セットになるのはdown。なお左右の場合はleftとright

down：下へ 副詞
解説 1語で移動用ボタンに使われる。セットになるのはup

skip：スキップする、とばす
例 Skip this file
（このファイルをスキップする）

開く・閉じる

open：開く
例 Open file...（ファイルを開く…）

close：閉じる
例 Close all tabs
（すべてのタブを閉じる）

expand：展開する
例 Expand all comments
（すべてのコメントを展開）
解説 折り畳んで非表示にした情報を広げて表示する際に使われる言葉。セットになるのはcollapse

collapse：折り畳む、非表示にする
例 Collapse all nodes
（すべてのノードを折り畳む）
解説 情報が多い場合などに折り畳んで非表示にする際に使われる言葉。セットになるのはexpand

more：もっと多く 副詞
例 See more （もっと見る）
解説 情報量が多いため非表示にした部分を表示する際に使われる言葉。セットになるのはless（またはfewer）

less：もっと少なく 副詞
例 Show less （少なく表示）
解説 情報量が多い場合などに非表示にする際に使われる言葉。同義語

確定・キャンセル

OK：OK 　副詞

Yes：はい　副詞

No：いいえ　副詞

confirm：確定する
　例 Confirm delete （削除を確定）

accept：受諾する、受け入れる
　例 Accept suggestion
　　（提案を受諾）

allow：許可する
　例 Allow notification （通知を許可）
　解説 反意語として deny や disallow が
　　ある

always：常に　副詞
　例 Always hide （常に隠す）
　解説 毎回同じ選択をすることを確定す
　　る際に使われる言葉。反意語は
　　never。「一度だけ」は「Just
　　once」

never：常にしない　副詞
　例 Never show again
　　（再度表示しない）
　解説 毎回しないことを選択する際に使
　　われる言葉。反意語は always。
　　「Don't ask again」のような表現
　　もある

apply：適用する
　例 Apply changes （変更を適用）

cancel：キャンセルする
　例 Cancel （キャンセル）

ignore：無視する
　例 Ignore all （すべて無視）

検索

search：検索する
　例 Search for books （本を検索）
　解説 他動詞 search は「search ＜検索
　　場所＞ for ＜探し求めるもの＞」
　　の形で使う。「search books」と
　　すると「本の中で（言葉などを）探
　　す」の意味になるので注意

find：検索する
　例 Find next （次を検索）

browse：参照する、閲覧する
　例 Browse... （参照…）

filter：絞り込む、フィルターをかける
　例 Filter by name
　　（名前で絞り込む）

sort：並び替える、ソートする
　例 Sort alphabetically
　　（アルファベット順にソート）
　解説 「昇順にソート」は「Sort ascend-
　　ing」、「降順にソート」は「Sort
　　descending」

check：確認する、チェックする
　例 Check for updates
　　（アップデートを確認）
　解説 「check for ○○」で「○○の有
　　無を確認」の意味

検索場面で使われる動詞以外の言葉をい
くつか紹介します。

case：大文字と小文字
　解説 case とは upper case（大文字）と
　　lower case（小文字）のこと。よ
　　く使われる表現に「Ignore case」
　　（大文字と小文字を無視）や
　　「Match case」（大文字と小文字
　　を区別）がある

history：履歴
　例 Search history:（検索履歴：）

recent：最近の
　例 Recent messages:
　　（最近のメッセージ：）

作成・削除
create：作成する
　例 Create table（表を作成）

generate：生成する
　例 Generate documentation...
　　（ドキュメントを生成…）

add：追加する
　例 Add contact（連絡先を追加）

insert：挿入する
　例 Insert page number
　　（ページ番号を挿入）

new：新規の　形容詞
　例 New page...（新規ページ…）
　解説 1語でも使えるが、例文のように
　　　名詞を修飾しても可

delete：削除する
　例 Delete row（行を削除）

remove：削除する
　例 Remove from favorites
　　（お気に入りから削除）
　解説 例文では目的語は省略

clear：消去する
　例 Clear all results
　　（すべての結果を消去）

copy：コピーする
　例 Copy to clipboard
　　（クリップボードにコピー）
　解説 例文では目的語は省略

duplicate：複製する
　例 Duplicate label（ラベルを複製）

実行・終了
start：開始する
　例 Start recording（記録を開始）

restart：再起動する
　例 Restart later（後で再起動）

run：実行する
　例 Build & run app
　　（アプリをビルドして実行）

execute：実行する
　例 Execute command...
　　（コマンドを実行…）

perform：実行する
　例 Perform update in background
　　（バックグラウンドで更新を実行）

continue：続行する
　例 Continue with this account
　　（このアカウントで続行）

stop：停止する
　例 Stop sharing
　　（共有を停止）

finish：終了する、完了する
　例 Confirm and finish
　　（確定して終了）

exit：終了する、退出する
　例 Exit full screen mode
　　（フル・スクリーン・モードを終了）

「実行する」に該当する単語には、run、execute、performがあります。アプリやプログラムの実行ではrun、コマンドやスクリプトの実行ではexecute、何らかの機能の実行ではperformが用いられる傾向

があります。

設定

set：設定する
例 Set as main （メインとして設定）
解説 目的語は省略

reset：リセットする
例 Reset to default
（デフォルトにリセット）
解説 目的語は省略

configure：構成する
例 Configure plugins
（プラグインを構成）

manage：管理する
例 Manage network settings
（ネットワーク設定を管理）

日本語の「設定」という見出しに対応する
名詞がいくつかあります。表4-2で使い分
けを説明します。

選択

select：選択する
例 Select one of the files below
（以下のファイルから1つを選択）

use：使用する
例 Use default （デフォルトを使用）

specify：指定する
例 Specify file name:
（ファイル名を指定：）

mark：マークする、印を付ける
例 Mark as read （既読としてマーク）
解説 目的語は省略

include：含む、含める
例 Include hidden （非表示を含める）

exclude：除外する
例 Exclude all （すべて除外）

選択の場面で役に立つ形容詞を2つ紹介
します。

required：必須の
例 * Required fields
（* 必須フィールド）
解説 選択や入力が必須の項目のラベ
ルで使う

optional：任意の
例 Age: [　] (optional)
（年齢：[　]（任意））

表4-2	「設定」に対応する名詞の使い分け		
名　詞	**意　味**	**解　説**	
settings	設定	アプリやデバイスの設定で使う。通常は複数形	
configuration	構成	部品やコンポーネントを組み合わせて構成する場面で使う	
option	オプション	ユーザーが指定できる選択肢のこと。オプションの項目が複数ある場合は複数形にする	
preference	ユーザー設定	デザインや言語など、ユーザーの好みによる設定に使う。項目が複数ある場合は複数形にする	

解説 選択や入力が必須でない項目の
ラベルで使う

入力・出力

enter：入力する
例 Enter your password:
（パスワードを入力：）

load：読み込む
例 Loading results...
（結果を読み込み中…）

reload：再読み込みする、リロードする
例 Reload now （すぐにリロード）

save：保存する
例 Save as... （名前を付けて保存…）
解説 直訳すると「〜として保存」だが、
「名前を付けて保存」のこと

store：保存する、格納する
例 Store current mode as default
（現在のモードをデフォルトとして保
存）
解説 saveと同義語だが、saveのほう
がよく用いられる

connect：接続する
例 Connect to Wi-Fi automatically
（Wi-Fiに自動で接続）
解説 connectは自動詞と他動詞があ
り、例文は自動詞

install：インストールする
例 Install and restart
（インストールして再起動）
解説 目的語は省略。反意語はunin-
stall

print：印刷する、出力する
例 Print selection
（選択部分を印刷）

download：ダウンロードする
例 Downloading update...
（アップデートをダウンロード中…）

表示

show：表示する
例 Don't show again
（今後表示しない）
解説 例文では目的語は省略。なお
「Don't ask again」もよく使われ
る。セットで使う反意語はhide

display：表示する
例 No items to display
（表示項目なし）

view：表示する、見る
例 View all photos
（すべての写真を表示）

hide：隠す、非表示にする
例 Hide details
（詳細を非表示）
解説 セットで使う反意語はshow

refresh：更新する
例 Refresh status
（ステータスを更新）

split：分割する
例 Split pane vertically
（ペインを縦に分割）

wrap：折り返す
例 Wrap text automatically
（テキストを自動で折り返す）

「表示する」に該当する単語には、show、
display、viewがあります。showとdis-
playは同義ですが、showは日常語に近く、
displayはやや専門的で堅いニュアンスで
す。viewはもともと「人が何かをじっくり

見る」ことを指し、同義語の see よりも堅い表現です。じっくり読んだり閲覧したりする情報に使います。

変更

change：変更する
　例 Change language （言語を変更）

modify：修正する、変更する
　例 Modify document templates
　　（ドキュメントのテンプレートを変更）
　解説 目的に合うよう部分的に変更するニュアンス

fix：修正する
　例 Fix all imports
　　（すべてのインポートを修正）
　解説 エラーなどを修正して正常にするニュアンス

edit：編集する
　例 Edit group... （グループを編集…）

convert：変換する
　例 Convert to JSON （JSON に変換）
　解説 例文では目的語は省略

customize：カスタマイズする
　例 Customize layout...
　　（レイアウトをカスタマイズ…）

merge：マージする、統合する
　例 Merge cells （セルを統合）

overwrite：上書きする
　例 Always overwrite （常に上書き）
　解説 よく似た単語に override（オーバーライドする、優先する）があるが、意味が異なるので注意

rename：名前を変更する
　例 Rename file to:
　　（ファイル名を次に変更：）

replace：置換する
　例 Replace all occurrences
　　（すべての出現を置換）

restore：復元する
　例 Restore default layout
　　（デフォルトのレイアウトを復元）

update：更新する
　例 Update and restart
　　（更新して再起動）

upgrade：アップグレードする
　例 Upgrade automatically
　　（自動でアップグレード）

⊕ エラー表現

　ユーザーが指示した処理が成功した場合、ユーザーは特に困りません。しかし、エラーが発生すると、ユーザーは何らかの対応を迫られます。ユーザーの満足感を高めるためには、**適切なエラーメッセージを書くこと**が重要です。ここではよく用いられる簡潔なエラー表現をまとめます。

エラー発生

直接的にエラーの発生を伝える表現です。

error occurred

例1 An error occurred while uploading the file.
（ファイルのアップロード中にエラーが発生しました。）

例2 An unknown error occurred. Please contact your administrator.
（不明なエラーが発生しました。管理者に連絡してください。）

失敗

処理が失敗したことを伝える表現です。

failed to ○○

例 Failed to create a new group.
（新規グループの作成に失敗しました。）

不可能

処理ができない、またはできなかったことを伝える表現です。

unable to ○○

例 Unable to import settings.
（設定をインポートできません。）

can'tまたはcannot ○○

例1 Can't save the file.
（ファイルを保存できません。）

例2 Cannot connect to database server.
（データベースサーバーに接続できません。）

解説 モバイルアプリなど一般ユーザー向けのソフトウェアでは「can't」、専門家向けの堅めのソフトウェアでは「cannot」が使われる傾向がある

couldn'tまたはcould not ○○

例1 Couldn't access SD card.
（SDカードにアクセスできませんでした。）

例2 Could not create file 'abc.txt'.
（ファイル「abc.txt」を作成できませんでした。）

必要

何かが必要、または何かをする必要があることを伝える表現です。エラーの理由説明にもなります。

must ○○

例 Password must contain at least eight characters.
（パスワードは少なくとも8文字を含む必要があります。）

解説 一般的にmustのほうがshouldよりも必要性の度合いは高いとされる

should ○○

例 Username should be unique
（ユーザー名は一意である必要）

need to ○○

例 You need to log in to continue.
（続行するにはログインする必要があります。）

required

例 An email address is required to register.
（登録にはメールアドレスが必要です。）

解説 「必要である」という形容詞

禁止

何かをしてはいけないことを伝える表現です。エラーの理由説明にもなります。

must not ○○

> 例 Password must not be empty.
> （パスワードは空にしてはいけません。）
>
> 解説 一般的に must not のほうが should not よりも禁止の度合いは強いとされる

should not ○○

> 例 Username should not contain "/".
> （ユーザー名は「/」を含んではいけません。）

否定

no や not の一般的な否定表現を使っても簡潔なエラー表現ができます。

no ○○

> 例1 No apps available
> （利用できるアプリがありません）
>
> 例2 No matches found
> （一致するものが見つかりません）

not

> 例1 Not a valid email address.
> （有効なメールアドレスではありません。）
>
> 例2 File "abc.txt" does not exist.
> （ファイル「abc.txt」は存在しません。）

その他の表現

上記以外にエラーメッセージで便利に使える表現を挙げます。

invalid： 形容詞 **無効な**

> 例 This username is invalid.
> （このユーザー名は無効です。）

missing： 形容詞 **見つからない、欠落している**

> 例 The following files are missing:
> （次のファイルが見つかりません：）

too： 副詞 **○○すぎる**

> 例1 Username is too long.
> （ユーザー名が長すぎます。）
>
> 例2 This file is too large to open.
> （このファイルは大きすぎて開けません。）
>
> 解説 過剰な状態であるためエラーであると示す

already： 副詞 **すでに**

> 例 A folder named "myfolder" already exists.
> （「myfolder」と名付けられたフォルダがすでに存在します。）

no longer：もはや○○ではない

> 例 This file is no longer available on the server.
> （このファイルはサーバー上でもう利用できません。）
>
> 解説 すでに何らかの状態のためエラーであると示す

02 名前とコメント
ソースコードに記述する英語を書く

　本節では、プログラム内に登場する名前とコメントを取り上げます。つまり、**変数や関数などの名前**（識別子とも）と、**ソースコードに関するコメント**で使う英語です。

　変数や関数などの名前は、一般的に英語で命名して書きます。仮に日本国内で開発していたとしても、英語で命名するケースは多いでしょう。そのため、**適切な英単語を選んだ上で、英文法に合う形で書くこと**が重要になります。また、ソースコードのコメントも英語で書くことがあります。プロジェクト内で英語を使うことがルールになっていたり、オープンソース開発で海外の人もソースコードを読んだりする場合です。

● 名前とコメントのサンプル

　読んだ本を記録できるアプリ「Simple Book Tracker」のソースコードの一部をサンプルとします。プログラミング言語はPythonですが、名前とコメントの部分を読むだけなのでPythonの知識は不要です。

　サンプルではBookshelfというクラスを示しています。二重引用符3つ（"""）に囲まれた部分と、「#」で始まる行がコメントです。

サンプル

```
class Bookshelf: ❶
    """Represents a bookshelf to store books.
    ❷

    Attributes:
```

        books (list): A list of Book objects representing the books stored in the
bookshelf. ③
    """

    def __init__(self):
        self.books = []

    ④ def add_book(self, title, author, publication_year, isbn, cover_photo_
url):
        """Adds a book to the bookshelf.
        ⑤

        ⑥ The book is stored as a Book object, which contains all the necessary
information about the book.

        Args:
            title (str): The title of the book. ⑦
            author (str): The author of the book.
            publication_year (int): The publication year of the book. ⑧
            isbn (str): The 13-digit ISBN of the book.
            cover_photo_url (str): The URL of the book's cover photo.

⑨   Raises:
            ValueError: If a book with the same ISBN already exists in the
bookshelf.
        """
        ⑩ # Check if a book with the same ISBN already exists in the bookshelf
        if any(book.isbn == isbn for book in self.books):
            raise ValueError("Book with the same ISBN already exists in the
bookshelf.")
        else:
            ⑪ # Create a new Book object with the given details and add it to the
bookshelf
            ⑫ book_to_add = Book(title, author, publication_year, isbn, cover_photo_
url)

            self.books.append(book_to_add)

    ⑬ def get_all_books(self):
        """Returns a list of all books in the bookshelf.
        ⑭

⑬
```
    Returns:
        list: A list of Book objects representing all the books in the bookshelf.
    """

    return self.books
```

参考訳

class Bookshelf:
"""本を保存する本棚を表す。

属性:
    books (list): 本棚に保存される本を表すBookオブジェクトのリスト。
"""

def __init__(self):
self.books = []

def add_book(self, title, author, publication_year, isbn, cover_photo_url):
"""本棚に本を追加。

本はBookオブジェクトとして保存され、Bookオブジェクトには本に関して必要な全情報が格納される。

引数:
    title (str): 本のタイトル。
    author (str): 本の著者。
    publication_year (int): 本の出版年。
    isbn (str): 本の13桁のISBN。
    cover_photo_url (str): 本のカバー写真のURL。

例外:
    ValueError: 同じISBNの本がすでに本棚に存在する場合。
"""
# 同じISBNの本がすでに本棚に存在するかどうかをチェック
if any(book.isbn == isbn for book in self.books):
    raise ValueError("同じISBNの本がすでに本棚に存在します。")
else:

```
            # 与えられた詳細情報で新しいBookオブジェクトを作成し、これを本棚に
追加
            book_to_add = Book(title, author, publication_year, isbn, cover_
photo_url)
            self.books.append(book_to_add)

    def get_all_books(self):
        """本棚にあるすべての本のリストを戻す。

        戻り値:
            list: 本棚にあるすべての本を表す、Bookオブジェクトのリスト。
        """
        return self.books
```

● ドキュメントの主要素と構造

⊕ 名前の構造

　関数や変数などの名前は、通常、英単語1～数個程度から作られます。そのため、マニュアルに見られるような**大きな文章の要素や構造はありません**。サンプル中の例を見てみましょう。

- ④：add_book()
  本を追加するメソッドの名前（パラメーターは省略）
- ⑫：book_to_add
  追加する本が入る変数の名前
- ⑬：get_all_books()
  すべての本を取得するメソッドの名前（パラメーターは省略）

　この例を見ると、名前の英単語はアンダースコア（_）で区切られています。Pythonではこのような命名方法が一般的です。しかし、別のプロ

グラミング言語には別の慣習が存在します。たとえばJavaであれば、最初のメソッド名は「addBook」と書くケースが多いでしょう。さらに、こういった慣習は組織やプロジェクトで異なることがあります。

　各プログラミング言語の命名慣習は「**スタイルガイド**」のような資料にまとめられています。さまざまな組織が公開していますが、参照されることが多いGoogleのスタイルガイド[注4-1]による書き方を表4-3に例示します。PythonおよびJavaの一部です。

表4-3　Googleのスタイルガイドによる PythonおよびJavaの書き方		
名詞	**Python**	**Java**
クラス	ClassName	ClassName
メソッド／関数	method_name	methodName
定数	CONSTANT_NAME	CONSTANT_NAME
変数	variable_name	variableName

　一部の書き方には表4-4のような名前が付いています。

表4-4　書き方の名前	
パスカルケース	スペースなしで単語をつなぎ、単語の1文字目は大文字。アッパーキャメルケースともいう 例 ClassName
キャメルケース	スペースなしで単語をつなぎ、最初の単語の1文字目のみ小文字で、それ以外の単語の1文字目は大文字。ローワーキャメルケースともいう 例 methodName
スネークケース	アンダースコアで単語をつなぎ、単語はすべて小文字 例 variable_name

　上記の通り、こういった書き方は慣習です。プログラミング言語に加え、組織やプロジェクトで異なることがあります。唯一の書き方は存在しないため、**それぞれの状況に合った書き方**を採用してください。特にルールが決まっていない場合、Googleのスタイルガイドのような資料を参考

にするとよいでしょう。

● コメントの構造

コメントは、大きく分けてドキュメンテーション用と通常のコメントが
あります。それぞれについて説明します。

ドキュメンテーション用のコメント

クラスやメソッドなどの宣言部分に記述し、APIリファレンスのような
ドキュメントの自動生成に使われます。サンプルでは二重引用符3つ (""")
に囲まれた部分で、❷、❺、⓮以降が該当します。❷はBookshelfクラ
ス、❺はadd_bookメソッド、⓮はget_all_booksメソッドのコメントです。
こういった二重引用符3つに囲まれたコメントは、Pythonでdocstring
と呼ばれます。サンプルの表記はGoogleのスタイルガイド（『Google
Python Style Guide』）に基づいています。

❺以降を例にして、『Google Python Style Guide』のルールが適用され
ている部分をいくつか見てみましょう。まず、メソッドの概要は1行で書
きます。生成されるAPIリファレンスでも概要として表示されるので、簡
潔に書く必要があります。

```
Adds a book to the bookshelf.
```

概要だけでは不十分な場合、1行空けてから詳細を記述します。

```
The book is stored as a Book object, which contains all the necessary
information about it.
```

メソッドや関数の場合、パラメーター（仮引数）の情報を書きます。見
出しは「Args:」とします。

```
Args:
    title (str): The title of the book.
    author (str): The author of the book.
    <後略>
```

例外が発生する場合、「Raises:」という見出しの後に書きます。

```
Raises:
    ValueError: If a book with the same ISBN already exists in the bookshelf.
```

❺以降にはありませんが、戻り値には「Returns:」という見出しを付けます。

まとめると、関数やメソッドのコメントでは次の情報を記述します。

- 概要
- 詳細（任意）
- パラメーター（ある場合）
- 戻り値（ある場合）
- 例外（ある場合）

またクラスの場合、❷以降のように属性の情報があれば記載します。『Google Python Style Guide』の見出しは「Attributes:」です。

通常のコメント

上記のように、ドキュメンテーション用のコメントはある程度形式が決まっています。しかし、それ以外の通常のコメントは、**ソースコード内のどこにでも記述され、形式も自由**です。記述内容としては、ソースコードが何をしているかの説明や要約、なぜそのようなソースコードにしたのかという意図の説明、プログラマー自身のメモ、ソースコードで表現できない補足情報（例：著作権やバージョン）などが挙げられます。また、

記述レベルもさまざまです。ファイルレベル、制御構造レベル、関数レベル、変数宣言レベル、行レベルなどです。

　サンプルの例を見てみましょう。まず❿では、if以下の処理内容を説明しています。

Check if a book with the same ISBN already exists in the bookshelf

　次に⓫では、コメントより下にある2行の処理を説明しています。

Create a new Book object with the given details and add it to the bookshelf

　サンプルはどちらも十数ワード程度ですが、数ワード程度のメモ書きも、数段落にもわたる長文のコメントも存在します。要素や構造を一般化するのは難しいので、ここでは示しません。

● 表現のポイント

　続いて、表現のポイントを解説します。まず名前については、書く機会が多い関数名とメソッド名、さらに変数名（定数名やクラス名も含む）を取り上げます。その後、コメントについて説明します。

◎関数名とメソッド名
　関数やメソッドには処理を記述するため、**「動詞」を中心に命名する**と適切なケースが多くなります。通常、動詞は先頭に置きます。動詞のみの場合も、動詞と別の言葉（目的語など）を組み合わせる場合もあります。典型的なパターンを見てみましょう。

動詞のみ

まずは「動詞」のみのシンプルな命名です。

- clear() 動作 消去する
- find() 動作 検索する
- open() 動作 開く

clear、find、openはいずれも他動詞です。英文法上は、他動詞は目的語を必要とするはずですが、目的語がありません。文脈的に目的語が何かは理解できるため、省略されているのです。たとえばパラメーターが目的語と想定されていることも、メソッドが属するオブジェクトが目的語と想定されている（たとえば「form.clear()」ならform）こともあります。つまり、他動詞を使って命名する場合、何が目的語か文脈的にわかるなら、省略は可能です。

動詞＋目的語

「動詞＋目的語」の命名です。目的語を明示的に書いています。

- add_book()（④）　動作 本を追加する

    解説 addは他動詞、bookは目的語
- get_all_books()（⑬）　動作 本をすべて取得する

    解説 getは他動詞、all booksは目的語（名詞句）
- delete_user_settings()　動作 ユーザー設定を削除する

    解説 deleteは他動詞、user settingsは目的語（名詞句）

動詞＋その他

「動詞」を中心とし、修飾語などを加えた形です。

- **applyTo()** 　動作 **どこかに適用する**

  解説 apply は他動詞、目的語は省略、前置詞 to の目的語は省略

- **create_from_template()** 　動作 **テンプレートから作成する**

  解説 create は他動詞、目的語は省略、from 以下は修飾語（副詞句）

- **scroll_to_top()** 　動作 **最上部にスクロールする**

  解説 scroll は自動詞、to 以下は修飾語（副詞句）

動詞＋目的語＋その他

「動詞＋目的語」を中心とし、修飾語などを加えた形です。

- **findElementById()** 　動作 **ID で要素を検索する**

  解説 find は他動詞、element は目的語、by id は修飾語（副詞句）

- **set_timeout_in_seconds()** 　動作 **タイムアウトを秒単位で設定する**

  解説 set は他動詞、timeout は目的語、in seconds は修飾語（副詞句）。前置詞 in は単位を示す際に使う。「in minutes」なら「分単位」、「in meters」なら「メートル単位」

- **create_directory_if_not_exists()** 　動作 **ない場合、ディレクトリーを作成する**

  解説 create は他動詞、directory は目的語、if not exists は従属節（主語などは省略）

動詞以外の品詞

　ここまで動詞を使ったパターンを紹介しました。ただし現実には、動詞を使わず名詞や副詞句などで命名するケースも見られます。自分が書く名前で適正であれば、参考にしてもよいでしょう。

- height()　動作 高さを戻す
- current_settings()　動作 現在の設定内容を戻す
- max()　動作 最大を戻す
- next()　動作 次を戻す、次に移動する
- value()　動作 値を戻す
- toString()　動作 文字列にする

　なお、上記のような名前は動詞を使って書き換えられることがあります。たとえばheightであれば「get_height()」です。

ブール値を戻す名前

　ブール値（trueとfalse）を戻す関数やメソッドでは、特別な命名方法があります。can、has、isなどの助動詞や動詞（通常は三人称単数現在形）を使って名前を書けます。

- canSave()　動作 保存可能かどうかを戻す
- hasNext()　動作 次があるかどうかを戻す
- is_empty()　動作 空かどうかを戻す
- contains()　動作 含んでいるかどうかを戻す
- user_exists()　動作 ユーザーが存在するかどうかを戻す

⊕変数名（定数名、クラス名など含む）

　一般的に、変数には「名詞」が用いられます。変数を中心に扱いますが、定数、プロパティー、クラスなどの名前も同様です。典型的なパターンを紹介します。

名詞のみ

　名詞1語のシンプルな名前です。きちんとした英単語の場合も、略語が

用いられる場合もあります。

- **name：名前が入る変数**
- **config：構成情報が入る変数**

  解説 configuration の略
- **Bookshelf（❶）：本棚のクラス**

　なお、ループ回数などを入れる目的で、iやjのようにアルファベット1文字が慣習的に用いられることがあります。通常の変数の場合は、中身がわかるような命名にします。

名詞句

　複数の単語から成るかたまりで、1つの名詞と同じ役割を果たします。

- **endTime：終了時刻が入る変数**

  解説 end も time も名詞
- **DEFAULT_PORT：デフォルトのポート番号が入る定数**

  解説 default は形容詞、port は名詞
- **book_to_add（⓬）：追加する本が入る変数**

  解説 book は名詞、to add は形容詞句として book を修飾

名詞は複数形に注意

　変数名を名詞で書く場合、注意したいのは複数形です。通常、日本語では名詞を複数形にしません。1人でも複数人でも「ユーザー」です。そのため、単数形か複数形かはほとんど気にしません。しかし、英語では単数か複数かが単語の形に現れます。配列やリストのように要素が複数ある場合、**変数名は複数形**にしたほうが内容を正確に表すことができます。たとえばユーザーの配列であれば「users」です。また、サンプ

ルの「book_to_add」は単数ですが、もし追加する本が複数だった場合、
「books_to_add」になります。変数名の名詞は、複数形が適切かもしれな
いと常に気を配るようにしてください。

名詞以外

　適切であれば、形容詞のような品詞も変数名に使えます。実例をいく
つか見てみます。

- **after：の後で**　前置詞
  解説 何かの後ろに付く文字列や、待機時間などが入る
- **current：現在の**　形容詞
  解説 何かしら現在の情報が入る
- **found：見つかった**
  解説 動詞findの過去分詞形。検索結果や、見つかったかどうかの
  ブール値が入る
- **read_only：読み取り専用の**　形容詞
  解説 読み取り専用かどうかのブール値が入る

　たとえば「current」は「current_user」、「found」は「found_items」のよ
うに、説明的に書き換えることも可能です。他人（や将来の自分）が読ん
だときに理解しやすい名前にしましょう。

⊙ドキュメンテーション用のコメント

　コメントのうち、まずはドキュメンテーション用コメントの表現です。
第2章03で取り上げたAPIリファレンスは、ドキュメンテーション用コ
メントから自動生成されることがあります。共通する表現が多くあるた
め、APIリファレンスの節も参照してください。また、ドキュメンテーショ
ン用スタイルガイドによっては、書き方が指定されるケースがあります

（例：戻り値の見出しは「Returns:」など）。ここでは一般的な英語表現を説明しますが、特定のスタイルガイドを採用する場合は、その書き方に従うようにしてください。

概要：主語の省略や名詞句

　関数やメソッド、クラスの概要を示す最初の1文では、**主語を省略して動詞から書き始める**のが一般的です。サンプル中の例を見てみましょう。

- **Represents a bookshelf to store books. (❷)**
  クラスの概要
  解説 「This class」のような主語が省略
- **Adds a book to the bookshelf. (❺)**
  add_bookメソッドの概要
  解説 「This method」のような主語が省略
- **Returns a list of all books in the bookshelf. (⓮)**
  get_all_booksメソッドの概要
  解説 「This method」のような主語が省略

　また、サンプル中にはありませんが、クラス名を名詞句（複数の語が集まって1つの名詞と同じ役割を果たすかたまり）で示すこともあります。主語と動詞がそろった完全な文ではありません。たとえば、次のような表現です。

- **A class for managing page categories and tags.**
  （ページのカテゴリーとタグを管理するためのクラス。）
- **A class that represents an image.**
  （1つの画像を表すクラス。）

> 解説 representsはclassではなく関係代名詞thatの動詞である点に注意

詳細：完全な文で記述

　主語を省略したり名詞句で表現したりする概要とは違い、詳細では通常、完全な文で書きます。**主語と動詞がそろった文**です。サンプル中の例では次の部分です。

- The book is stored as a Book object, which contains all the necessary information about the book.（**6**）

　サンプル中の例の詳細は1文ですが、複数の文や段落で構成することもあります。

パラメーター：名詞句で簡潔に

　関数やメソッドのパラメーターやクラスの属性は、名詞句で書くのが一般的です。主語と動詞がそろった完全な文ではありません。

- The title of the book.（**7**）
- The publication year of the book.（**8**）
- A list of Book objects representing the books stored in the bookshelf.（**3**）

　パラメーター（の一覧）には見出しが付けられることがあります。『Google Python Style Guide』では「Args:」でしたが、一般的には「Parameters:」のような言葉も使われます。

　なお、パラメーターの説明ではデータ型を付記することもあります。**7**であれば文字列（「title (str)」）、**8**であれば整数（「publication_year (int)」）、❸ であればリスト（「books (list)」）です。スタイルガイドを参照する場合、データ型の書き方が指定されている場合があります。

例外：書き方はさまざま

　パラメーターは名詞句が一般的であるのに対し、例外の書き方はさまざまです。なお、見出しにはスタイルガイドによって「Raises:」や「Throws:」が使われます。

●主語を省略して動詞から書く

　まず、主語を省略して動詞から始める書き方です。文脈に応じて動詞は「throw」や「raise」が使われます。省略されているのは「This method」などの主語です。例を見てみましょう。

- **Throws an error if the username is already used.**
  （ユーザー名がすでに使用されている場合、エラーをスローする。）
- **Raises a ValueError if the ID doesn't exist.**
  （IDが存在しない場合、ValueErrorを発生させる。）

　また、「Thrown」や「Raised」のような過去分詞形から書き始めるのが適切なケースもあります。省略されているのは「The exception is」や「The error is」のような主語とbe動詞です。

- **Thrown if an invalid argument is given.**
  （無効な引数が与えられた場合、スローされる。）
- **Raised if the argument is larger than the buffer size.**
  （引数がバッファサイズよりも大きい場合、発生する。）

●文

主語を省略したり名詞句だけで書いたりせず、完全な文で書くこともあります。

- **This method throws an exception, if the password is empty.**
  （パスワードが空の場合、このメソッドは例外をスローする。）
- **If the argument is null, a NullPointerException is thrown.**
  （引数がnullの場合、NullPointerExceptionがスローされる。）

●条件節のみ

名詞句でも完全な文でもなく、**条件節**（ifやwhen）のみを書く方法もあります。次の例のIf以下の部分です。

```
Throws:
    NullPointerException - If x is null.
```

この場合、見出しの「Throws」、エラー名の「NullPointerException」、さらに本文であるIf節を組み合わせて、主語が省略された1文になっていると考えられます。つまり「Throws a NullPointerException, if x is null.」です。次に示すサンプル中の ⑨ も同様です。

```
Raises:
    ValueError: If a book with the same ISBN already exists in the bookshelf.
```

見出しの「Raises」、エラー名の「ValueError」、さらに本文であるIf節を組み合わせて、「Raises a ValueError, if a book with the same ISBN already exists in the bookshelf.」となります。

つまり、スタイルガイドなどが指定する見出しと、プログラミング言語が提供する例外名（エラー名）とを組み合わせた上で、きちんとした英文

になるよう条件節を書かなければなりません。

　このように、ドキュメンテーション用コメントにおける例外の書き方はさまざまです。もし特定のスタイルガイドを参照する場合、どのような書き方が推奨されているのか確認しましょう。

戻り値：Returnsを冒頭または見出しで

　戻り値の説明では、主語を省略して「Returns」という動詞から始める書き方があります。省略された主語は「This method」などです。このReturnsに関連する表現は、第2章03の「重要な単語と表現集」にある「Returnの表現」も参照してください。

- **Returns the size of the specified file in bytes.**
  （指定されたファイルのサイズをバイト単位で戻す。）
- **Returns true if the file name already exists, false otherwise.**
  （そのファイル名がすでに存在する場合はtrueを戻し、そうでなければfalseを戻す。）

　また、見出しを「Returns:」とした上で、戻される値を「名詞句」で説明する方法があります。サンプル中の⓯の部分です。

```
Returns:
    list: A list of Book objects representing all the books in the bookshelf.
```

　この場合、見出しの「Returns」を動詞と考え、その目的語を名詞句で記述する発想になります。前述の例外と同様、見出しとうまく組み合わせ、きちんとした英文となるよう名詞句を書く必要があります。

　なお、ジェネレーターでは「Returns:」ではなく「Yields:」のような見出しが推奨されることがあります（『Google Python Style Guide』の場合）。

⊕ 通常のコメント

ドキュメンテーション用とは違い、通常のコメントに決まった表記ルールはありません。目的に応じて、完全な文で書くことも、要素を省略して書くことも、メモ書きのように名詞だけ書くことも可能です。たとえばサンプル中の❿では、主語を省略した文で書いています。動詞が原形なので、省略されているのは「The method will」のような言葉だと想像できます。

Check if a book with the same ISBN already exists in the bookshelf

▶ 重要な単語と表現集

最後に、名前とコメントで使われる重要な単語と表現です。

⊕ 関数名に使われる動詞

関数やメソッドの名前は、基本的に動詞で書きます。そこで関数名やメソッド名でよく登場する動詞約50個をカテゴリーに分けて紹介します。なお、例の多くは「**動詞＋目的語**」の形で紹介していますが、文脈に合えば動詞のみも可能です。たとえばFormオブジェクトに属するメソッド名を（clearForm()ではなく）単にclear()とするケースです。

開始・停止

open：開く
　例 openConnection()
　動作 接続を開く

close：閉じる
　例 close_connection()
　動作 接続を閉じる

start：開始する
　例 startServer()
　動作 サーバーを開始する

stop：停止する
　例 stop_all_servers()
　動作 すべてのサーバーを停止する

init：初期化する
　例 initLog()
　動作 ログを初期化する
　解説 initialize の略語

initialize：初期化する
例 initializeSite()
動作 サイトを初期化する

reset：リセットする
例 resetHistory()
動作 履歴をリセットする

確認

check：確認する
例1 check_for_update()
動作 アップデートの有無を確認する
解説 「check for ○○」で「○○の有無を確認」
例2 check_if_group_name_exists()
動作 グループ名が存在するかどうか確認する

validate：（妥当性や有効性を）確認する、検証する
例 validate_ipv4_address()
動作 IPv4アドレス（が妥当な形式か）を確認する

verify：（正しいことを）確認する、検証する
例 verifyData()
動作 データ（が正しいこと）を確認する

contains：含むかどうか
例 contains_whitespace()
動作 空白を含むかどうかをブール値で戻す

equals：等しいかどうか
例 equals()
動作 （あるオブジェクトが引数の内容と）等しいかどうかをブール値で戻す

exists：存在するかどうか
例 user_exists()
動作 ユーザーが存在するかどうかをブール値で戻す

matches：一致するかどうか
例 matches()
動作 （あるオブジェクトが引数の内容と）一致するかどうかをブール値で戻す

削除

delete：削除する
例 delete_file()
動作 ファイルを削除する
解説 類義語にremoveがある。deleteは保存された情報やデータを削除するニュアンスで、removeは人や物を場所から除去するニュアンス

remove：削除する
例 removeUser()
動作 ユーザーを削除する
解説 類義語にdeleteがある。違いはdeleteの項目を参照

clear：消去する
例 clearAllCaches()
動作 すべてのキャッシュを消去する

destroy：破棄する
例 destroy_vm()
動作 仮想マシン（VM）を破棄する

取得・検索

get：取得する
例1 getAccountInfo()
動作 アカウント情報を取得する
例2 get_all_keys()
動作 すべてのキーを取得する
例3 getUserByEmail()
動作 メールアドレスでユーザーを取得する
例4 getLanguageFromRequest()

`動作` リクエストから言語を取得する
`例5` get()
`動作` （あるオブジェクトが引数の内容を）取得する
`解説` 関数やメソッドによくある「取得する」動作で頻繁に使われる動詞

read：読み取る
`例` read_json()
`動作` JSONを読み取る

load：読み込む
`例` load_current_config()
`動作` 現在の構成を読み込む

find：検索する、見つける
`例` findUserById()
`動作` IDでユーザーを検索する

compare：比較する
`例` compareValues()
`動作` 値同士を比較する

処理・実行

process：処理する
`例` processRequest()
`動作` リクエストを処理する

render：レンダリングする、描画する
`例` render_lines()
`動作` 線をレンダリングする

execute：実行する
`例` executeCommand()
`動作` コマンドを実行する
`解説` 類義語にrunがある。ほぼ言い換えが可能だが、executeはコマンドやスクリプト、runはアプリやプログラムを実行する文脈で用いられる傾向がある

run：実行する
`例` run_tests()
`動作` テストを実行する
`解説` 類義語にexecuteがある。違いはexecuteの項目を参照

call：呼び出す
`例` callApi()
`動作` APIを呼び出す

list：一覧表示する
`例` list_all_items()
`動作` すべての項目を一覧表示する

parse：パースする、解析する
`例` parseHTML()
`動作` HTMLをパースする

設定

set：設定する
`例` set_default_language()
`動作` デフォルトの言語を設定する

configure：構成する
`例` configure_network()
`動作` ネットワークを構成する

apply：適用する
`例` applyChanges()
`動作` 変更を適用する

enable：有効にする
`例` enableAutoLogin()
`動作` 自動ログインを有効にする

disable：無効にする
`例` disable_user_account()
`動作` ユーザー・アカウントを無効にする

追加・作成

add：追加する
例 add_task()
動作 タスクを追加する

append：追加する
例 appendChild()
動作 子要素を追加する
解説 類語に add があるが、append は末尾への追加

write：書き込む
例 writeTo()
動作（引数で指定する場所に）書き込む

create：作成する
例 createProject()
動作 プロジェクトを作成する

build：ビルドする、構築する
例 buildQuery()
動作 クエリを構築する

log：ログを取る
例 logMessage()
動作 メッセージのログを取る

register：登録する
例 registerNewUser()
動作 新規ユーザーを登録する
解説 反意語は unregister（登録解除する）

変換・更新

convert：変換する
例 convert_upper_to_lower()
動作 大文字を小文字に変換する

format：書式設定する、初期化する
例 format_number()
動作 数字を書式設定する

copy：コピーする
例 copy_from()
動作（引数で指定する場所から）コピーする

merge：マージする、統合する
例 mergeEmailAddresses()
動作 メールアドレスを統合する

save：保存する
例 saveImageFile()
動作 画像ファイルを保存する

update：更新する
例 update_current_settings()
動作 現在の設定を更新する

◉ 変数名に使われる名詞

　変数、定数、またはクラスの名前は、名詞で書くことが多いはずです。そういった名詞は多様で数限りなくあるため、ここでは非常によく使われる基本的な10個のみを紹介します。この名詞を組み合わせて名詞句を作るケースもよくあります。その例も挙げています。

data：データ
　例 user_data、raw_data

file：ファイル
　例 logFile、config_file

index：インデックス、添字
　例 start_index

match：一致、マッチ
　例 allMatches

message：メッセージ
　例 error_message

name：名前
　例 groupName、file_name、new_
　name

result：結果
　例 search_results

state：状態
　例 current_state

time：時間
　例 start_time、TIME_FORMAT

value：値
　例 return_value、defaultValue

COLUMN **変数名の略語**

　APIリファレンスやソースコードを読んでいると、パラメーターや変数で略語が使われているのを目にします。自分自身では書かないにしても、意味が理解できないと困ることもあります。そういった略語をまとめて紹介します。

表4-5　変数名の略語

addr	address	config	configuration
arg	argument	conn	connection
args	arguments	ctx	context
asc	ascending	cwd	current working directory
attr	attribute	cur	currentまたはcursor
attrs	attributes	db	database
buf	buffer	desc	descendingまたはdescription
cert	certificate	dest	destination
col	column	diff	difference
cols	columns	dir	directory
cmd	command	dirs	directories

表4-5　変数名の略語（続き）			
doc	document	prop	property
env	environment	props	properties
err	error	regex	regular expression
fn	function	req	request
func	function	resp	response
idx	index	res	resourceまたはresponse
info	information	ret	return
kwargs	keyword arguments	val	value
len	length	ret_val や retVal	return value
msg	message	spec	specification
num	number	stdin	standard input
obj	object	stdout	standard output
opts	options	stats	statistics
param	parameter	tmp	temporary
params	parameters	temp	temporary
prev	previous	val	value
pos	position		

生成AIの活用で必須の
英文法と表記法

生成AIから出力された英語は
自分の意図通りの英文であるかを検証しなければなりません。
本章では、そのために理解しておきたい
英文法や表記法などを取り上げます。

01 単語の品詞と修飾関係

生成AIが出力した英文の検証で有用なのは、やはり**辞書**です。辞書は先人の知恵が詰まった信頼できる情報源ですが、説明に英文法用語が使われるため、辞書を使いこなすには**最低限の英文法を把握しておく必要が**あります。

本章01～03までは英文法の解説のため、英文法に自信がある人は読み飛ばしても問題ありません。続く04では辞書の読み方を解説しています。また、05以降は表記法や関連知識を取り上げています。

本節では、**動詞や名詞のような品詞**と、そういった**品詞間の修飾関係**について説明します。

● 品詞の種類

品詞とは、**機能によって単語を分類する区分け**のことです。一般的には次の8種類があります。

● (1) 動詞

状態や動作を表す語です。たとえば、select（選択する）やstart（起動する、始める）です。

他動詞と自動詞

動詞の重要な分類として「**他動詞**」と「**自動詞**」があります。他動詞はすぐ後に「**目的語**」を取りますが、自動詞は取りません。これが両者の違いです。後で解説しますが、目的語とは動詞の動作を受ける名詞や代名

詞のことです。先ほど挙げたselectは他動詞、startは自動詞です。両者を使った例文を見てみましょう。

- You can select the group.
  （このグループを選択できます。）
    ➡ 他動詞selectの直後にあるthe groupが目的語
- The system starts automatically.
  （システムは自動的に起動します。）
    ➡ 自動詞startsのすぐ後に目的語はない（automaticallyは副詞）

　このように、文の組み立て方に深く関係するため、他動詞と自動詞の区別は重要になります。英文を書く際は、**使っている動詞が他動詞なのか自動詞なのかを常に意識しましょう**。04で詳しく説明しますが、英和辞書には、その動詞が他動詞であるか自動詞であるかが記載されています。

　他動詞と自動詞の両方がある動詞もあり、例文のstartもそれに該当します。また、他動詞と自動詞で意味が異なるケースもあります。たとえばrunは他動詞なら「（目的語を）実行する」や「（目的語を）経営する」、自動詞なら「走る」の意味です。

助動詞

　品詞を8つに分類した場合、「**助動詞**」も動詞に含まれます。助動詞は、動詞を助けて意味を加える役割があります。たとえば、可能のcan、義務のmust、完了のhave、疑問のdo、進行形や受動態のbeがあります。

準動詞

　動詞は「**準動詞**」の形を取ることがあります。準動詞は動詞の役割を果たしながら、名詞、形容詞、副詞の役割も果たします。たとえばwriteという動詞は以下の準動詞があります。

- **不定詞（to不定詞）**：to write ➡ 名詞、形容詞、副詞の働き
- **動名詞**：writing ➡ 名詞の役割
- **現在分詞**：writing ➡ 形容詞、副詞（分詞構文で副詞句）の働き
- **過去分詞**：written ➡ 形容詞、副詞（分詞構文で副詞句）の働き

　「準動詞」という用語自体を覚える必要性は高くありません。ただし、動詞でありながら、**名詞、形容詞、副詞の役割も果たす**点については把握しておいてください。

句動詞

　動詞と関連して「**句動詞**」という用語も用いられます。句動詞は、**何語かで1つの動詞と同じ働き**をします。

　たとえば「turn off Wi-Fi」の場合、turn off（オフにする）の2語で1つの他動詞と同じ働きをします。他動詞なので直後に目的語（Wi-Fi）があります。さらに、「look for a file」も同様です。look for（探す）で1つの他動詞と同じ働きをしています。他動詞なので直後に目的語（file）があります。ただし、動詞look自体は自動詞である点に注意してください。

⊕（2）名詞

　概念や物などの名前を表す語です。たとえば、user（ユーザー）やsoftware（ソフトウェア）です。

可算名詞と不可算名詞

　名詞の重要な分類として「**可算名詞**」と「**不可算名詞**」があります。

　まず、可算名詞は「数えられる名詞」です。上記例のuserは可算名詞です。数えられるので複数形（users）があり、単数形には不定冠詞のaやanが付けられます（a user）。

　一方、不可算名詞は「数えられない名詞」です。上記例のsoftwareは

不可算名詞です。数えられないので「two softwares」などとはしません。

　ただし、可算名詞でもあり不可算名詞でもある名詞もあります。たとえばcontrolは、不可算名詞では「制御」ですが、可算名詞ではボタンなどの「コントロール」です。またdownloadは、不可算名詞では「ダウンロード（という行為）」ですが、可算名詞では「ダウンロードファイル」です。

　日本語では名詞が単数か複数かはあまり気にしませんが、英語では**大事な情報を読み取れる**ことがあります。たとえば、変数がusersと複数形であれば、要素が複数ある配列ではないかと想像できます。前述の他動詞と自動詞と同様、可算名詞と不可算名詞の区別も英和辞書に記載されています。辞書を引く際に注目したいポイントです。

⊕（3）代名詞

　名詞の代わりとなる語です。具体的には、I、my、me、you、it、they、this、oneなどがあります。

関係代名詞

　関係代名詞は代名詞の一種です。「代名詞」であると同時に「接続詞」の働きもします。関係代名詞にはwho、whose、which、whatなどがあります。たとえば、次の2文があったとします。

- You can delete files.（ファイルを削除できます。）
- They are in the temp directory.
  （それらは一時ディレクトリー内にあります。）

この2文を関係代名詞thatで接続すると、次のようになります。

- You can delete files that are in the temp directory.

（一時ディレクトリー内にあるファイルを削除できます。）

　代名詞Theyが関係代名詞thatに置き換わり、そのthatは直前のfiles（先行詞と呼ばれる）にthat以下を接続しています。このようにthatは代名詞であると同時に接続する（関係させる）役割を果たしているので、関係代名詞です。

　例を見るとわかりますが、関係代名詞を使うと複雑な文が作れます。英文を書いたり読んだりする際には理解しておくべき文法項目です。

（4）形容詞

　名詞や代名詞を修飾する語です。たとえば、automatic（自動の）やfree（無料の）があります。

- automatic download （自動ダウンロード）
- free Wi-Fi （無料Wi-Fi）

　なお、「修飾する」や「かかる」とは**説明すること**です。「free Wi-Fi」では、Wi-Fiが無料であると説明しています。

　品詞を8つに分類する場合、「**冠詞**」も形容詞に含まれます。the（定冠詞）、a、an（ともに不定冠詞）です。

（5）副詞

　主に動詞、形容詞、副詞、文全体を修飾する語です。つまり**名詞以外を修飾**します。たとえば、automatically（自動で）やeasily（簡単に）があります。

関係副詞

　関係副詞は副詞の一種です。前述の関係代名詞と似ており、「副詞」で

あると同時に「接続詞」の働きもします。when、where、why、how、that
があります。たとえば、次の2文があったとします。

- Select the location. （場所を選択してください。）
- The files will be stored there. （そこにファイルが保存されます。）

この2文を関係副詞whereで接続します。

- Select the location where the files will be stored.
  （ファイルが保存される場所を選択してください。）

末尾にある副詞thereが関係副詞whereに置き換わり、そのwhereは先
行詞locationにwhere以下を接続しています。このようにwhereは副詞で
あると同時に接続する（関係させる）役割を果たしているので、関係副詞
です。

関係代名詞と同様、関係副詞を使うと複雑な文を作れます。両者はあ
わせて「関係詞」と呼ばれることがあります。

⊕ （6）前置詞

名詞や代名詞の前に置き、**「形容詞句」や「副詞句」を作る語**です。in、
by、atなどが前置詞です。「句」とは複数の語から成るかたまりのことで
す（02で詳しく解説）。形容詞句は形容詞と、副詞句は副詞と同じ働きを
する句です。具体例で説明します。

- a company in Japan （日本にある会社）
  ➡ in（前置詞）＋Japan（名詞）のかたまりは「形容詞句」として、
    company（名詞）を修飾。名詞を修飾するので形容詞と同じ働き
- The list was created by the user.

（リストはユーザーによって作成されました。）

➡ by（前置詞）＋the user（名詞）のかたまりは「副詞句」として、was created（動詞）を修飾。動詞を修飾するので副詞と同じ働き

⊕（7）接続詞

語同士、句同士、節同士をつなげる語です。andやifが接続詞の例です。「句」も「節」も複数の語から成るかたまりですが、節は内部に「主語＋動詞」が含まれている点が違いです（02で詳しく解説）。

この接続詞には「**等位接続詞**」と「**従属接続詞**」（従位接続詞）の2種類があります。

等位接続詞

対等な関係のもの同士をつなぎます。and、but、orなどです。例を見てみましょう。

- Python and Java（PythonとJava）
  ➡ 語同士をつないでいる
- You can use this option, but it may be slow.
  （このオプションを利用できますが、遅い可能性があります。）
  ➡ 節（内部に主語＋動詞）同士をつないでいる

従属接続詞

「従属節」を「主節」に結びつける語です。文字通り、メインとなる節が主節、それに従属しているのが従属節です。従属接続詞にはif、whether、because、thatなどがあります。例を見てみます。

- If you have any questions, please contact us.
  （質問がある場合、弊社にご連絡ください。）

➡ 前半が従属節、後半が主節

- The Automatic option is recommended because it chooses the right size for your environment.
  （お使いの環境に適したサイズを選択するので、「自動」オプションがお勧めです。）

  ➡ 前半が主節、後半が従属節

⊕ (8) 間投詞

感情を表す語です。あいさつの「Hi!」や感謝を表す「Thank you.」が例です。文中では独立した要素になります。

● 品詞間の修飾関係

　8つの品詞のうち、とりわけ重要なのは動詞、名詞、形容詞、副詞の4つです。後に説明する「**文の要素**」と関係するからです。

　先ほど「形容詞は名詞を修飾する」といった説明をしましたが、この4つの品詞の修飾関係を図5-1にまとめてみます。まず一番左に「名詞」があります。名詞を「形容詞」が修飾しています。矢印が形容詞から名詞に伸びています。その形容詞を「副詞」が修飾しています。矢印が副詞から形容詞に伸びています。この副詞からは「副詞」自身、「動詞」、そして「文全体」に矢印が伸びています。つまり副詞は、動詞、形容詞、副詞、文全体を修飾します。この**品詞間の修飾関係を把握しておくこと**は非常に重要です。英文を書く際は、修飾関係が正しいのかを確認します。

図5-1 4つの品詞の修飾関係

　具体的な例文で修飾関係を確認します。図5-2です。まず副詞Unfortunately（残念ながら）は、文全体を修飾しています。次に、同じく副詞 automatically（自動で）は、動詞remove（削除する）を修飾しています。その次の副詞currently（現在）は、形容詞available（利用可能な）を修飾しています。最後に、そのavailableは、名詞devices（デバイス）を修飾しています。文の意味は「残念ながら、現在利用可能なデバイスを自動で削除することはできません」となります。

図5-2 例文と修飾関係

Unfortunately, **you cannot** automatically remove currently **available** devices.

POINT

- 品詞は機能によって単語を分類する区分け
- 動詞の重要な分類に「他動詞」と「自動詞」がある。他動詞は目的語を取り、自動詞は取らない
- 名詞の重要な分類に「可算名詞」と「不可算名詞」がある
- 形容詞は名詞を修飾し、副詞は形容詞、動詞、文全体を修飾する

02 句と節

　英語には「**句**」と「**節**」という単位があります。どちらも何語かのかたまりです。英語の文を書く際は、単に単語を並べればよいわけではありません。多くの場合、単語を句や節として組み合わせ、それを文の形にします。そのため、句や節の単位を理解することが重要になります。句も節も、**ひとかたまりで何らかの品詞と同じ働き**をします。

▶ 句

　句は、かたまりの内部に「**主語＋動詞**」**の構造がない**ものをいいます。次の3種類があります。

○（1）名詞句
　ひとかたまりで名詞と同じ働きをする句です。次の語が名詞句を作ります。

- 動名詞
  例 **Editing the ID** is not allowed.
  （**IDを編集すること**は許可されていません。）
  ➡ ひとかたまりで主語（※名詞の働き）
- 不定詞
  例 Do you want **to edit the ID**?（**このIDの編集**を希望しますか？）
  ➡ ひとかたまりで目的語（※名詞の働き）

「Editing the ID」にも「to edit the ID」にも、内部に「主語＋動詞」の構造はありません。なお、動名詞と不定詞は前述の「準動詞」です。動詞の役割を果たしながら名詞の役割も果たします。

⊕ (2) 形容詞句

ひとかたまりで形容詞と同じ働きをする句です。次の語が形容詞句を作ります。

- 不定詞

  例 That is a way **to download** the file.

  （それはファイルを**ダウンロードする**方法の1つです。）

  ➡ ひとかたまりで名詞wayを修飾（※形容詞の働き）

- 分詞（下記例は過去分詞）

  例 The files **downloaded today** are in this folder.

  （**今日ダウンロードされた**ファイルはこのフォルダ内にあります。）

  ➡ ひとかたまりで名詞filesを修飾（※形容詞の働き）

- 前置詞＋名詞

  例 Your photos are **in this folder**.

  （あなたの写真は**このフォルダの中**です。）

  ➡ ひとかたまりで補語（※形容詞の働き）

⊕ (3) 副詞句

ひとかたまりで副詞と同じ働きをする句です。次の語が副詞句を作ります。

- 不定詞

  例 **To delete the file**, you need a password.

  （**このファイルを削除するには**、パスワードが必要です。）

➡ ひとかたまりで動詞 need を修飾（※副詞の働き）

- 分詞（下記例は現在分詞）

  例 **Using this app**, you can edit a photo.

  （**このアプリを使って**写真を編集できます。）

  ➡ ひとかたまりで動詞 edit を修飾（※副詞の働き）

- 前置詞＋名詞

  例 The server will stop **on November 10**.

  （このサーバーは**11月10日に**停止します。）

  ➡ ひとかたまりで動詞 stop を修飾（※副詞の働き）

▶ 節

　節は、かたまりの内部に**「主語＋動詞」の構造がある**ものをいいます。句と節の違いはここです。「主語＋動詞」の構造の有無です。

　節はまず「主節」と「従属節」に分けられます。そのうち従属節には次の3種類があります。

⊕ （1）名詞節

　ひとかたまりで名詞と同じ働きをする節です。次の語が名詞節を作ります。

- 従属接続詞（that、if、whether）

  例 We recommend **that you change the password**.

  （**あなたがパスワードを変更すること**を当社はお勧めします。）

  ➡ ひとかたまりで目的語（※名詞の働き）

- 関係代名詞（what）

  例 **What you have changed** will be shown in red.

  （**あなたが変更したもの**は、赤色で表示されます。）

➡ ひとかたまりで主語（※名詞の働き）
- 疑問詞（which、who、whatなど）

    例 Please specify *which* file you want to delete.

    （**どのファイルを削除したいか**を指定してください。）

    ➡ ひとかたまりで目的語（※名詞の働き）

    ➡ 「疑問詞」は8つの品詞には入っていないが、疑問代名詞、疑問形容詞、疑問副詞があり、それぞれ代名詞、形容詞、副詞の一種

　上記3つ以外にも、複合関係代名詞（whoever、whicheverなど）や、先行詞が省略された関係副詞（「This is how you edit the file.」のhow）も名詞節を作ります。

⊕（2）形容詞節

　ひとかたまりで形容詞と同じ働きをする節です。次の語が形容詞節を作ります。

- 関係代名詞（that、which、whoなど）

    例 Specify a string *that* will be used as an ID.

    （**IDとして使用される**文字列を指定してください。）

    ➡ ひとかたまりで名詞stringを修飾（※形容詞の働き）
- 関係副詞（when、where、whyなど）

    例 Select the directory *where* you want to save the file.

    （**ファイルを保存したい**ディレクトリーを選択してください。）

    ➡ ひとかたまりで名詞directoryを修飾（※形容詞の働き）

⊕（3）副詞節

　ひとかたまりで副詞と同じ働きをする節です。次の語が副詞節を作ります。

- 従属接続詞（after、because、before、if、that、though、whenなど多数）

  例 The method returns true *if* **the result is empty**.

  （このメソッドは**結果が空なら**trueを戻す。）

  ➡ ひとかたまりで動詞returnを修飾（※副詞の働き）

  ➡ 上記例は「条件」を表す副詞節

  例 *Before* **you close the app**, save the file.

  （**アプリを閉じる前に**、ファイルを保存してください。）

  ➡ ひとかたまりで動詞saveを修飾（※副詞の働き）

  ➡ 上記例は「時」を表す副詞節

POINT

- 句は何語かのかたまりの内部に「主語＋動詞」の構造がない
- 節はその構造がある

03 文の要素と文型

　本節では「**文の要素**」と「**文型**」について説明します。辞書で動詞を調べると、ある動詞がどのような要素を必要とするのかが記載されています。正確な英文を書くためには、文の要素について理解しておく必要があります。

● 文の要素

　一般的に、「**文**」は大文字で始まり、ピリオドや疑問符などで終わります。この文は、何種類かの要素で構成されます。主要素となるのは次の4つです。

- 主語（S）
- 動詞（V）
- 目的語（O）
- 補語（C）

主要素に入らないものは「**修飾要素**」（**M**）となります。
次に、これらの要素を詳しく説明します。

⊕ 主語（S）
　動作や状態などの主体となる語です。「**S**」はSubjectのSです。次の例文の場合、functionが主語となります。

- The function makes all files public.

（この関数はすべてのファイルを公開状態にする。）

　主語になれる品詞は「**名詞**」です。代名詞、名詞句、名詞節、動名詞（Downloading）、不定詞（To download）など名詞相当の言葉も含みます。

⊕ 動詞（V）

　動作や状態などを表す語です。「**V**」はVerbのVです。前述の例文の場合、makesが動詞となります。

　動詞になれる品詞は「**動詞**」です。これには句動詞（例：turn off、look for）のように動詞相当の言葉も含みます。

　ここで注意したいのは、**「動詞」には品詞を指すケースと文の要素を指すケースがある点**です。文の要素の場合は「述語動詞」と呼ぶことがありますが、どちらも単に「動詞」と表現するのが一般的です。本書内でも「主語＋動詞」のように表現しています。品詞としての動詞と文の要素としての動詞は別の概念である点に注意してください。

⊕ 目的語（O）

　動詞の働きを受ける語です。「**O**」はObjectのOです。先ほどの例文の場合、filesが目的語となります。

　目的語になれるのは「**名詞**」です。代名詞、名詞句、名詞節、動名詞、不定詞など名詞相当の言葉も含みます。

⊕ 補語（C）

　動詞の力を借りて、**主語または目的語を説明する語**です。「**C**」はComplementのCです。前述の例文では「public」が補語となります。

　publicは「公開の」という形容詞です。補語publicは、makesの目的語であるfilesを説明しています。「ファイルが公開状態」という説明です。このmakeという動詞がなければpublicはfilesの説明になりません。その

ため、動詞の力を借りて説明しているのです。動詞の力を借りずに直接
説明（修飾）すると「public files」となります。補語になれるのは次の品
詞です。

- **名詞**：名詞相当も含む
- **形容詞**：形容詞相当も含む

⊕ 修飾要素（M）

修飾要素は**主要素を修飾する語句**です。「**M**」はModifierのMです。上
記の4つとは違い、修飾要素は主要素ではありません。前述の例文では
「The」や「all」が該当します。

定冠詞The（形容詞相当）は主語functionを修飾し、形容詞allは目的
語filesを修飾しています。

修飾要素になるのは次の品詞です。

- **形容詞**：形容詞相当も含む
- **副詞**：副詞相当も含む

⊕ 品詞との関係

ここまで、文の要素と各要素になれる品詞を説明してきました。その
対応関係を図5-3にまとめます。図中では名詞や形容詞などとしか書い
ていませんが、名詞相当や形容詞相当の言葉も含まれる点に注意してく
ださい。

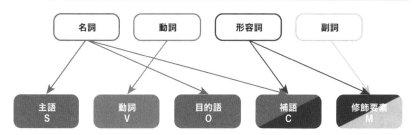

図5-3　文の要素と品詞との関係

名詞　　動詞　　形容詞　　副詞

主語
S

動詞
V

目的語
O

補語
C

修飾要素
M

　まず、図で一番左の名詞です。名詞は、文の要素としては主語S、目的語O、または補語Cになります。次に動詞です。品詞の動詞は、文の要素としては動詞Vになります。続いて形容詞です。形容詞は、補語Cまたは修飾要素Mになります。最後に副詞です。副詞は、修飾要素Mになります（主要素にはならない）。

▶ 文型

　文型とは、**主語（S）、動詞（V）、目的語（O）、補語（C）の並び方**です。文型には一般的に5種類（5文型）があります。研究者によっては7つや8つとする人もいますが、学校では一般的に5つを教えているため、ここでも5つを取り上げます。

　「**5文型**」は、学校での英語教育を批判する際にやり玉に挙げられることがあります。「ある英文を5文型に分類できたところで、あまり意味がないのでは？」といった批判です。しかし、きちんとした英文を書こうとするならば、文型の理解は欠かせません。次の例を見てみましょう。

- 日本語：これは管理者を通常ユーザーにします。
- 英語：This makes an admin a normal user.

　日本語は助詞（例：が、を、に）によって語の間の関係が決まるので、「管理者が通常ユーザーになる」という関係がわかります。

　一方、英語は**語の並び方で関係が決まります**。動詞makeの後に「(an) admin」と「(a normal) user」の順で並べないと、日本語と同じ意味になりません。そして動詞makeは「SVOC」という並び方（文型）をしたときに「OをCにする」の意味になります。辞書で動詞を調べると、ある動詞がどの文型を取るのかが記載されています。信頼できる情報源である辞書を活用して正確な英文を書くためには、文型の理解は不可欠なのです。

　続いて5つの文型を詳しく説明します。

⊕ (1) SV

　文の主要素がSとV、つまり主語と動詞（目的語を取らない自動詞）の形です。例文を見てみます。

- The app crashed yesterday. （アプリが昨日クラッシュした。）
  　　 S　　 V

⊕ (2) SVC

　文の主要素がSVC、つまり主語、動詞（目的語を取らない自動詞）、補語の形です。例文を見てみます。

- The file remains visible in the directory.
  　　 S　　 V　　　 C
  （ファイルはディレクトリーで可視状態のままです。）

　補語visibleは、動詞remainの力を借りて、主語fileを説明しています。「fileがvisibleである」という説明です。ちなみに主語を説明する補語は「主格補語」と呼ばれます。なお、末尾の「in the directory」は副詞句で、主要素ではありません。

⊕ (3) SVO

文の主要素がSVO、つまり主語、動詞（目的語を取る他動詞）、目的語の形です。例文を見てみます。

- You should install the update.
  S　　　　V　　　　O
  （アップデートをインストールする必要があります。）

⊕ (4) SVO$_1$O$_2$

文の主要素がSVO$_1$O$_2$です。つまり、主語、動詞、目的語1、目的語2です。目的語を取るので、動詞は他動詞です。例文を見てみます。

- Don't show me the dialog again.
  　　　V　O$_1$　　O$_2$
  （このダイアログを再度私に表示しない。）

命令文なので、主語Sは省略されています。目的語が2つありますが、どのように違うのでしょうか。まず、O$_1$は「間接目的語」と呼ばれます。日本語の「～に」にあたり、主に人が入ります。例文のmeも人です。次にO$_2$は「直接目的語」と呼ばれます。日本語の「～を」にあたり、主に物が入ります。例文のdialogも物です。

このように、目的語を2つ取る動詞があります。辞書を調べると、どちらの目的語に何が入るかが記載されているはずです。

⊕ (5) SVOC

文の主要素がSVOC、つまり主語、動詞（目的語を取る他動詞）、目的語、補語の並び方です。例文を見てみます。

- You can leave the field empty.
  S　　V　　　O　　C
  （このフィールドは空のままにしておけます。）

　補語emptyは、動詞leaveの力を借りて、目的語fieldを説明しています。「fieldがemptyである」という説明です。目的語を説明する補語は、「目的格補語」と呼ばれます。補語Cが主語Sを説明する場合はSVCの形、補語Cが目的語Oを説明する場合はSVOCの形になるわけです。

⊙文型は動詞のパターン

　ここまで「文型」という言葉を使ってきました。しかし、文型は「文」というより**「動詞」のパターン**であるといえます。ある動詞Vに、どのように目的語Oと補語Cが付くかのパターンです。具体的には、頭のSを除き、Vのみ、VC、VO、VOO、VOCの5つとなります。

　文型は文というより、動詞のパターンであると考えると、主語がない「句」の動詞にも該当します。たとえば、editという動詞は他動詞なのでVOの形を取ります。そのため、動名詞で名詞句にした場合、「Editing the ID is not allowed.」という英文が作れます。Vはediting、OはIDです。

　文型は文のパターンというより、動詞にどうOとCが付くかというパターンであると理解しておきましょう。

POINT

- 英文は主語（S）、動詞（V）、目的語（O）、補語（C）、修飾要素（M）で構成される
- 名詞はS、O、Cに、動詞はVに、形容詞はC、Mに、副詞はMになる

04 辞書の読み方

　ここまで「品詞」、「句と節」、「文の要素」、そして「文型」について説明してきました。なぜこういった文法や文法用語を取り上げたかというと、信頼できる情報源である**辞書をしっかりと活用するためにそれらの知識が必要**だからです。実際のサンプルを見ながら、辞書を読んでみましょう。なお、辞書閲覧アプリとしてMac版「辞書 by 物書堂」を使用しています。

●『ジーニアス英和辞典』の「show」

　大修館書店が発行している『ジーニアス英和辞典』(第6版)で「show」という単語を引いてみると、次のように記されています。

---

show /ʃóu/ ▶️
【原義:見る→示す→見せる】

▶ 語義インデックス

―― 動 **A1** (〜s /-z/; 〜ed /-d/, **shown** /ʃóun/ **or**《時に》〜ed; 〜・ing)
🔊 showed ▶️　showing ▶️　shown ▶️

―― 他

1 SVO 〈人・物が〉O〈物〉を**見せる**, 示す; SVO₁O₂ /SVO₂ to O₁ 〈人が〉O₁〈人〉にO₂〈物〉を**見せる** (中略)

You have to *show* your membership card at the door.
入口で会員証を見せなくてはなりません

show him the book = *show* the book to him
彼にその本を見せる

Jane picked up the book and *showed* it to Bill.
ジェーンは本を取り上げてそれをビルに見せた《◆ ×Jane picked up the book and showed Bill it.》.

◌ 他動詞

　前ページのように、まず動詞を表す「動」という文字が表示され、その下に「他」とあります。他動詞のことです。この他動詞の1番目の意味は「見せる」となっています。文型はまず「SVO」と記載されています。主語、動詞、目的語の形です。さらに「SVO_1O_2」と「SVO_2 to O_1」という文型も記載されています。主語、動詞、そして目的語を2つ（間接目的語と直接目的語）の形です。どちらも目的語を取るので他動詞です。そのすぐ後には例文が3つあり、具体的な使い方を把握できます。

　下記のように、少し下を読むと、他動詞の2番目の意味として「明らかにする」があります。文型としては1つ目に「SVO / SV wh節・句 / SV（that）節」と、スラッシュ区切りで3つ掲載されています。SVO（主語・動詞・目的語）以外は見たことのない形ですが、SVOのOの位置に「wh節・句」や「（that）節」が入るということです。「wh節・句」はwhat、which、who、whetherなどwhで始まる節や句のことです。また、「（that）節」はthatに導かれる節（thatは省略可能）です。どちらも目的語Oの位置に入るので、名詞句や名詞節になります。繰り返しになりますが、内部に「主語＋動詞」の構造が**ない**ものが句、**ある**ものが節です。

---

2 SVO / SV **wh**節・句 / SV **(that)**節 〈人・物・事が〉O〈事〉を [⋯かを / ⋯ということを] **明らかにする**, 証明する, さし示す; SVO_1O_2 / SVO_1 **wh**節・句 / SVO_1 **(that)**節 O_1〈人〉にO_2〈事〉を [⋯かを / ⋯ということを] **明らかにする**, 示す; SVO **(to be)** C / SV **that**節 〈人・事などが〉O〈人・物・事が〉Cだと [⋯であることを] 証明する, 示す 《◆Cは名詞・形容詞》

The skies are *showing* signs of clearing.
空は天気が回復するきざしを示している

That will *show* us whether he is honest or not.
そのことで彼が正直者かどうかわかるでしょう

⊕ 自動詞

　さらに同じページを読み進めると下記のように、他動詞10番目の後に「⾃」という項目が出てきます。ここからが自動詞です。1番目の意味は「見える」です。文型としてはまず「SV」（主語・動詞）、そして「SVC」（主語・動詞・補語）があります。なお、「《英》」はイギリス英語のことです。SVもSVCも自動詞なので、目的語（O）はありません。

― ⾃

1 SV 〈物・事・感情などが〉**見える**, 現れる; 明らかにわかる;《英》
SVC 〈物・事が〉Cに見える (appear)《◆Cは色彩を表す形容詞》

Is my slip *showing*?
スリップが見えていますか

Her happiness *showed* on her face.
幸せな様子が彼女の顔に現れた

Your dress *shows* whitish from here.
あなたのドレスはここからだと白っぽく見えます

　ところで、SVCの例文は「Your dress shows whitish from here.」（あなたのドレスはここからだと白っぽく見えます）とあります。もしshowを調べ、冒頭の「他動詞」の項目しか読まなかったら、この「whitish」を目的語と捉えてしまったかもしれません。辞書を調べる際は、**最初に見つかった意味にすぐ飛びつくのではなく、最後までじっくり読むこと**が大事です。自分が探している意味は後のほうに書いてある可能性があります。

⊕ 可算名詞

　さらに同じページの下のほうを読んでみます。下記のように「名」とあります。名詞です。showの品詞は動詞に加え、名詞もあります。その1番目の先頭は「C」から始まっています。これは「可算名詞」のことで、CountableのCです。意味は「見せ物」などです。可算名詞なので、不定

冠詞aを付けたり複数形showsにしたりできます。

—— 名 **A2** (複)～s /-z/)

◀ッ） shows ▶

1 © 見せ物, ショー; 映画, 芝居

the star of the *show*
ショーの花形

When does the next *show* begin?
次の上映 [上演] は何時からですか

◉不可算名詞

　もっと読み進めていくと、名詞の4番目に「Ｕ」とあります。「不可算名詞」のことで、UncountableのUです。意味は「外観」などです。ただし、「時にa ～」とあるので、（不可算名詞であるものの）不定冠詞aが付けられることもあります。

---

4 Ｕ [時にa～] **外観**, 様子; **見せかけ**, ふり (pretense)

They made a *show* of forgetting she was there.
彼らは彼女がそこにいるのを忘れているふりをした

He put on a *show* of courage.
彼は勇気があるように装った.

　このように、showという基本的な単語を辞書で調べてみても、動詞（他動詞、自動詞）や名詞（可算名詞、不可算名詞）の品詞、「SVO」などの文型、「句」や「節」といった文法用語が登場します。01～03で説明した内容が把握できていると、辞書を理解しやすくなることがわかるでしょう。

● よく使われる略語

『ジーニアス英和辞典』に限らず、辞書でよく使われる略語があります。覚えておくと、効率的に辞書を読めるはずです。ここまで登場したものを含め、品詞別に代表的な略語をまとめておきます。

品 詞	略 語	意 味
名詞	C	可算名詞のこと。CountableのC
	U	不可算名詞のこと。UncountableのU
動詞	他、v.t.、Vt	他動詞のこと。なおvは「verb」、tは「transitive」
	自、v.i.、Vi	自動詞のこと。なおvは「verb」、iは「intransitive」
	S、V、O、C	それぞれ、主語、動詞、目的語、補語
形容詞	限定、A	限定用法のこと。名詞を直接修飾する。なおAは「Attributive」 例 initial value（初期値）
	叙述、P	叙述用法のこと。動詞の補語となる。なおPは「Predicative」 例 The server is alive.（サーバーは生きている。）

表5-1　代表的な略語

形容詞によっては、限定用法または叙述用法のどちらか一方しか使えないことがあります。その場合、上記の「限定」や「叙述」といった略語で示されます。

05 句読点と記号の使い方

　本節では、**コロン**、**セミコロン**、**チルダ**など、使い方に悩みがちな句読点や記号について説明します。大手IT企業のスタイルガイドをベースとし、IT分野のドキュメントでよく見られる用法に絞って紹介します。日本語母語話者が間違いやすいポイントについても触れています。

● コロン（:）

　コロンは、リストや図などの導入文、見出し、または文中で使います。順に見てみましょう。

● 導入文
　リスト、表、または図を直後に導く文でコロンを使えます。導入文は主語と動詞を含む完全な文とします。リストの導入文の例を挙げます。

```
There are three different numeric types:
    - int
    - float
    - complex
```

　導入文では、コロンの前に「following」のような言葉がよく一緒に用いられます。詳細は第2章02の「表現のポイント」にある「導入文にはfollowingとコロン」を参照してください。

◎ 見出し

見出しの直後でコロンを使えます。コロンの後は大文字で書き始めます。

Note: You can also delete all files.

◎ 文中

文中でコロンを使えます。コロンの後がコロンの前を説明したり要約したりする関係になります。コロンの前は完全な文とし、コロンの後は小文字で始めます。全体として1つの文となります。

The app downloads two files: a CSV file and a JSON file.

とりわけ文中のコロンは日本語にはない用法です。もし自信がなければ、使用は避けたほうがよいでしょう。

● セミコロン（ ; ）

セミコロンは、カンマよりも大きな区切りや、節同士の接続で使います。

◎ カンマよりも大きな区切り

異なるレベルの項目が文中に混じっている場合、小さな区切りにはカンマ、大きな区切りにはセミコロンを使います。利用規約に出てくる例文を見てみます。

You have the right to request to (a) correct, erase, or remove your personal data; (b) receive an electronic copy of your personal data; or (c) restrict or object to our processing of your personal data.

　上記の例の場合、(a) 〜 (c)が大きな区切りで、セミコロンで区切られています。その中の (a) では、correct、erase、removeという3つの単語がカンマで区切られています。

⊕節同士の接続

　節（主語と動詞を含むかたまり）同士を接続するのにセミコロンを使えます。節の間には、順接や逆接など論理的な関係が必要です。

This method is maintained for backward compatibility; you should use getOrientation() instead.

　上記の例では、セミコロンの前は「このメソッドは後方互換性の目的で維持されている」で、後は「代わりにgetOrientation()を使うべき」の意味です。節同士の間には「だから」や「そのため」といった順接の関係があります。

　この用法も日本語ではなじみがありません。どう使うかがはっきりとわからなければ、2つの文に分けて接続詞（and、butなど）でつなぐことを推奨します。

● カンマ（ , ）

　カンマにはさまざまな用法があります。ここではIT分野のドキュメントでよく見かける代表的なものを取り上げます。

⊕項目を3つ以上並べるとき

　同じレベルの項目を3つ以上並べるときにカンマで区切ります。

The top, bottom, left, and right margins are set to 0.

例文では「top」、「bottom」、「left」、「right」の4語が並べられ、andの直前にカンマが置かれています。項目を3つ以上並べた後、andやorの直前に入れるカンマは「オックスフォード・カンマ」と呼ばれます。オックスフォード・カンマを入れない書き方もありますが、多くの大手IT企業では入れる書き方を採用しています。ドキュメントを制作する際は、統一が図られているか確認したいポイントです。

⊕接続詞で節同士をつないだとき

節同士を接続詞（and、butなど）でつないだとき、接続詞の直前にカンマを入れます。

This contact can't be deleted, but you can hide it.

⊕従属節を主節の前に出したとき

従属接続詞（if、when、after、before、becauseなど）で始まる従属節を主節の前に出した場合、従属節の末尾にカンマを置きます。

If you want, you can create a new group.

⊕文頭の副詞や副詞句の後

文頭に置かれた副詞や副詞句の後にカンマを置きます。

To use this feature, you must first turn on Bluetooth.

⊕非制限用法の関係代名詞の前

先行詞と関係代名詞との間にカンマを置くと、先行詞について情報を補足的に加える「**非制限用法**」になります。

This is the current email address, which you can modify.

◐ その他

カンマは数字の桁区切りや日付にも用いられます。詳細は07にある「日付」と「数」を参照してください。

◐ エリプシス（...）

何らかの文字が**省略**されているのを示すのに使います。次の2つの書き方がありますが、同じドキュメント内では統一するようにしましょう。

- 半角ピリオド3つを並べる（...）
- エリプシスを使う（...）➡ UnicodeでU+2026

ユーザーインターフェイス（UI）では、操作指示が完了するまでに別の手順が入ることを示します。たとえば「Save as...」メニューの場合、メニューを選択すると保存ダイアログが開き、そこで操作をすると保存が完了します。

◐ ダッシュとハイフン

ダッシュやハイフンなど水平方向の線である記号はいくつもあり、見分けるのにも使い分けるのにも悩みます。よく使われるのは次の3種類です。

◐ emダッシュ（—）

「**エムダッシュ**」と読みます（「m」と同じ幅になるため）。後述のenダッ

シュより長く、UnicodeではU+2014です。

　emダッシュは、文中で「**中断**」や「**補足**」を表すのに使います。次の例文にあるように、前後には半角スペースを入れません。

Keep up with your projects, messages, and chats—all in one place.

⊕ enダッシュ（–）

　「**エンダッシュ**」と読みます（「n」と同じ幅になるため）。emダッシュより短く、UnicodeではU+2013です。

　enダッシュは、一般的に数や時間の「**範囲**」を示すのに使われます。ただし、後述のハイフンも同様の使い方をするため、同じドキュメント内ではどちらかに統一したほうがよいでしょう。emダッシュと同様、前後にはスペースは入れません。

100–125V or 220–240V

⊕ ハイフン（-）

　ハイフンは、複合語を作ったり範囲を示したりするのに使います。UnicodeではU+002D（ハイフン・マイナス）を使うのが一般的です。

複合語

　次の例のように「human-readable」、「built-in」、「add-on」といった複合語を作るのに使います。

Returns a human-readable name.

範囲

　数や時間の範囲を示すのに使われます。前後にスペースは入れません。

Valid values are 0-11.

　上記のようにenダッシュの用法と重複するため、どちらか一方に統一することが望ましいです。

● スラッシュ（/）

　スラッシュは一般的に「**または**」や「**および**」を表します。しかし、意味があいまいになりがちなので、できるだけ明示的にorやandを使ったほうがよいとされます。ただし、次のようなケースでの使用は問題ありません。

- UIなどで表示スペースが限られている場合
  例 On/Off
- 言葉として成立している場合
  例 TCP/IP、A/B Testing

● 引用符

　引用符には、**二重引用符**と**一重引用符**があります。さらに、それぞれに直線型と曲線型があり、曲線型には左（開き）で使うものと右（閉じ）で使うものがあります。表5-2にまとめます。

　二重引用符を優先して使い、二重引用符内でさらに引用符を使う必要があれば一重引用符を使います。また、基本的には直線型を使いますが、印刷物の場合などは曲線型が好まれることがあります。どちらを使うにしても、同じドキュメント内では統一を図るようにしましょう。

表5-2　さまざまな引用符			
種類	**型**	**記号**	**Unicode**
二重	直線	"	U+0022
	曲線（左）	"	U+201C
	曲線（右）	"	U+201D
一重	直線	'	U+0027
	曲線（左）	'	U+2018
	曲線（右）	'	U+2019

❂引用符を使う場面

引用符は、次の場面で使います。

引用

誰かが話したり書いたりした内容を直接引用するのに使います。

The error message says, "Failed to install the app."

タイトル

作品やセクションのタイトルであることを示すのに使います。

For more information, see "To delete an account" below.

その他

引用符は、定義、皮肉、非標準的な言葉づかい、ニックネームなどを示すのに用いられることもあります。

強調には使わない

日本語では何かの言葉を「**強調**」する際にかぎかっこが使われます（この文にあるように）。ここからの連想で、英語でも強調に引用符を使う日

本語母語話者がいます。しかし、一般的に**英語では強調に引用符を使いません**。皮肉など別の意味に捉えられる恐れもあるので要注意です。強調する場合は、ボールド、イタリック、または下線を使うようにします。

◎引用符と句読点

基本的にカンマとピリオドは、引用符の「内側」に置きます。引用の例で示した「The error message says, "Failed to install the app."」の場合、ピリオドが引用符の内側に置かれています。なお、内側に置くのはアメリカ式、外側に置くのはイギリス式です。

● チルダ（~）

チルダは、数の前に付けて「**およそ**」や「**約**」を表すのに使われることがあります。

```
~25%
~ 200ms
```

ただし、この用法になじみのない読者もいるので、「about」や「approximately」などの言葉で明示的に記述できれば、チルダの使用は避けたほうがよいでしょう。

また、日本語にはチルダ（~）とよく似た波ダッシュ（〜）があります。一般的に波ダッシュは数の「範囲」を示すのに用いられます。たとえば、「15〜25%」です。範囲を示すので「〜」の前にある数を省略して「最大」の意味で使われることがあります。たとえば、「〜25%」は「最大25%」です。もし英語で「最大25%」を表現しようと、チルダを使って「~25%」と書くと、別の意味になってしまいます。**チルダと波ダッシュの混同**に注意してください。

　プラス記号は、数の後に付けて「**超の**」を表すのに使われることがあります。下記の例の場合、「3,000超のアプリ」の意味になります。

Gain access to 3,000+ apps.

　UIなど表示スペースが限られた場所や広告などでは便利ですが、フォーマルな英文では使用は避けたほうがよいでしょう。

POINT

- コロン（:）：導入文、見出し、文中で使う
- セミコロン（;）：カンマよりも大きな区切り、節同士の接続で使う
- カンマ（,）：項目を3つ以上並べるとき、接続詞で節同士をつないだときなどに使う
- エリプシス（...）：何らかの文字の省略や、操作完了までに別手順が入る（UIの場合）ことを示す
- emダッシュ（—）：文中での中断や補足を表す
- enダッシュ（–）：数や時間の範囲を表す
- ハイフン（-）：複合語を作ったり範囲を示したりする
- スラッシュ（/）：一般的に「または」や「および」を表す
- 引用符：二重引用符（"）と一重引用符（'）があり、引用やタイトルなどで使う。ただし、強調には使わない
- チルダ（~）：数の前に付けて「およそ」や「約」を表す
- プラス記号（+）：数の後に付けて「超の」を表す

06 ドキュメント要素の書き方

　ドキュメントタイプに関係なく、ドキュメント内でよく使われる要素があります。たとえばタイトルやリストです。本節では、そういった要素の書き方について解説します。

● タイトルと見出し

　マニュアルやAPIリファレンスなどでは、文書のタイトルやセクションの見出しを付けます。タイトルや見出しでは、単語を大文字にするかどうかの点、動詞で始めるか名詞句を使うかの点で書き方が異なります。ドキュメント全体として統一が必要になるため、あらかじめ方針を立てておくとよいでしょう。

● タイトルと見出しのスタイル

　タイトルと見出しのスタイルは、単語の最初の文字を大文字にするかどうか（キャピタリゼーション）によって2種類に分けられます。「センテンス・スタイル」と「タイトル・スタイル」です。

センテンス・スタイル

　最初の単語だけ大文字を使い、残りの単語は小文字を使います。通常の文と同じ形となるので「**センテンス・スタイル**」と呼ばれます。

Create and manage a user account with the mobile app

Overview of the data transfer between devices

タイトル・スタイル

「**タイトル・スタイル**」では、一部を除いてすべての単語を大文字にします。上記の例をタイトル・スタイルで書いてみます。

Create and Manage a User Account with the Mobile App

Overview of the Data Transfer Between Devices

ここでは下記の単語を小文字のままとするルールに従っています。ただし、文の最初と最後の単語では大文字にしなければなりません。

- 冠詞 (a、an、the)
- 接続詞 (and、or、but など)
- 4文字以下の前置詞 (with、of、to、in、for など。between や under などは大文字)
  - ➡ なお、前置詞はすべて小文字とするスタイルガイドも存在する

Google や Microsoft といった大手IT企業のスタイルガイドでは、通常はタイトルや見出しに「センテンス・スタイル」を用いるとしています。どちらに統一するか迷ったら、この方針を採用してもよいでしょう。センテンス・スタイルはルールがシンプルなので悩む必要もなくなります。

● リスト

情報を整理して読みやすくするために**リスト**（**箇条書き**）を活用できます。リストは、項目を2つ以上列挙する際に使います。1つの項目にさま

ざまな属性や情報が含まれる場合、後述の「表」の使用を検討します。

⊕リストの種類

通常、リストには「中黒リスト」と「番号リスト」の2種類があります。

中黒リスト

中黒リストは、順番が関係ない項目を挙げるのに使います。箇条書きリスト、ブレット付きリスト、順序なしリストなどとも呼ばれますが、本書内では中黒リストで統一します。

This app supports the following platforms:
- Windows
- Linux
- Mac

番号リスト

番号リストは、操作手順など順番がある項目を挙げるのに使います。順序付きリストなどとも呼ばれます。

To create a project, perform the following steps:
1. Click **Project** > **New**.
2. In the project editor, enter your project information.
3. Click **OK**.

⊕リスト項目の書き方

リスト内の各項目は、表現の形式が類似するように書きます。上記の中黒リストのようにプラットフォーム名を並べたり、番号リストのように命令文で統一したりします。基本的に各項目の最初の単語は大文字とします。また末尾に付けるピリオドなどの句読点は、名詞や名詞句なら「なし」、完全な文であれば「あり」とします。

⊕導入文の書き方

　通常、リストの前には「**導入文**」を置きます。前ページの例の「This app supports the following platforms:」のような文で、後続のリストが何であるかを明示します。文末はコロンにすることもピリオドにすることもできますが、すぐ後にリストを置く場合はコロンがよく用いられます。

　リストは使う機会が多いため、ドキュメント内で形式を統一するようにしましょう。

▶表

　表は、列が複数になる場合に使います。もし列が1つのみであればリストを使います。

　次のサンプルを使って書き方を説明します。

The following table shows the methods you can use.

Method	Return type	Brief description
getProjectId()	int	Retrieves the ID of the project.
getProjectName()	String	Retrieves the name of the project.
setProjectName()	void	Sets the name of the project.

⊕見出し内の書き方

　通常、見出しの行や列の中はセンテンス・スタイルで書きます。「Return type」や「Brief description」はセンテンス・スタイルです。aやtheの冠詞は省略可能で、末尾にピリオドなどの句読点も不要です。

◎ セル内の書き方

セル内に文を書く場合、ピリオドなどの句読点を付けます。サンプルの右端の列（主語が省略された文）ではピリオドが使われています。

◎ 導入文の書き方

サンプルにあるように、表の前に導入文を置けます。ピリオドで終わる文にすることも、コロンで終わる文にすることも可能です。一般的にコロンは直後に表が置かれる場合に使います。

リストと同様に表も使う機会が多いので、ドキュメント内で表記の形式を統一しましょう。

POINT

- 見出しのスタイル：「センテンス・スタイル」と「タイトル・スタイル」がある
- リスト：「中黒リスト」と「番号リスト」があり、順番が関係ない項目には前者、ある項目には後者を使う
- 表：列が複数ある場合に使う。列が1つならリストを使う

07 定型的な情報の書き方

　日付、時刻、数などの定型的な情報の書き方を説明します。IT分野で用いられることの多い書き方です。

● 日付

　まず、日付の表記方法です。

⊕ 通常の書き方

　通常、日付は「**月日年**」の順で書きます。2024年12月3日の例を示します。

The app is available for download on December 3, 2024.

　月名は略さず、日の後にカンマを置き、年は4桁とします。なお「月日年」の順はアメリカ式で、イギリス式では「日月年」の順になります。
　年を入れない場合など、いくつか表記パターンと例文を示します。

- 月と日のみ

  例 Our annual holiday sale starts on December 3.
- 月と年のみ

  例 In December 2024, we released the custom dashboard feature.
- 曜日も加える場合はカンマで区切る

  例 We will be releasing a new version on Tuesday, December 3, 2024.

◉ 数字のみの書き方

日付を数字のみで書く場合は、年月日の順となる「**YYYY-MM-DD**」で書きます。これは国際標準であるISO 8601形式の書き方です。同じく2024年12月3日の例を挙げます。

Release Date: 2024-12-03

「12/03/2024」のように数字をスラッシュで区切って書く場合、アメリカ式とイギリス式で月と日が入れ替わり、誤解が発生する恐れがあります。

◉ 省略した書き方

UI上などで表示スペースが限られている場合、**月名や曜日名を省略して表記**できます。

月名を3文字で表す場合は次の語を使います。省略のピリオドは不要です。

- Jan、Feb、Mar、Apr、May、Jun、Jul、Aug、Sep、Oct、Nov、Dec

日曜からの曜日名を1〜3文字で表記する場合は次の語を使います。省略のピリオドは不要です。

- 3文字：Sun、Mon、Tue、Wed、Thu、Fri、Sat
- 2文字：Su、Mo、Tu、We、Th、Fr、Sa
- 1文字：S、M、T、W、T、F、S

▶ 時刻

次に、時刻の書き方です。

通常、**時刻は12時間表記**とし、「**AM**」または「**PM**」を末尾に付けます。

The conference will begin at 9:30 AM on January 10.

Our customer support is available from 9 AM to 5 PM.

　ただし、24時間表記のほうが適切な場合（cronの説明など）は24時間表記で問題ありません。

▶ 数

続いて数の表記方法です。

⊕ スペルアウトと算用数字の使い分け
スペルアウトするケース

　原則として、0〜9までの数は**スペルアウト**（単語として書く）します。ただし、算用数字で書くケースも多いです。詳しくは後述します。

four days

eight users

算用数字を使うケース

　原則として、10以上の数は算用数字で書きます。

14 days

1,500 rows

　ただし、10以上であっても文の先頭ではスペルアウトします。

Twenty-four hours a day, seven days a week, we are committed to providing our customers with the best possible service.

　10未満でも、次のような場合には算用数字を使います。

- 技術情報（**例** 3 GB、8 pixels）
- 日付と時刻（**例** December 7、4:00 PM）
- 数式内の数字
- パーセンテージ
- 負数、小数
- ページ番号、章番号、巻数
- バージョン番号
- 手順の番号
- 価格

序数

順序を表す序数は、スペルアウトします。

- first　➡ 1stとしない
- third　➡ 3rdとしない
- twenty-fifth　➡ 25thとしない

桁区切りと小数点

　原則として、4桁以上の数では**3桁ごとにカンマ（ , ）**で区切ります。たとえば、「4,800」や「1,920,000」です。ただし、年やピクセルでは不要です。たとえば、「in 2023」や「1080 pixels」です。

　また、小数点にはピリオド（.）を使います。たとえば、「0.56」です。

　日本では「桁区切りにカンマ、小数点にピリオド」は一般的です。しか

し地域によっては異なる場合があります。たとえば、ドイツでは桁区切りにピリオド、小数点にカンマ（例：12.345,67）、フランスでは桁区切りにスペース、小数点にカンマ（例：12 345,67）が用いられます。そういった地域との間で翻訳が発生する場合、数の表記に注意が必要です。

● 単位

最後に、単位の表記について説明します。

● 数と単位の間のスペース

数に単位が付く場合、基本的にスペースを入れます。たとえば次のような書き方です。

4 GB of RAM

120 cm

ただし、次の記号の場合はスペースを入れません。

- 通貨（**例** $150、€30）
- パーセント（**例** 27%）
- 角度（**例** 90°）

● 大きな数の省略

大きな数を端的に表現したい場合などに、数を省略する記号が使えます。「k」や「K」がthousand、「M」がmillion、「B」がbillionです。数と記号の間にスペースは入れません。例を挙げます。

- 30k users（3万ユーザー）

- 5M pixels（500万ピクセル）
- 1B characters（10億文字）

POINT

- 日付：通常は「月日年」（アメリカ式）の順で書く。数字のみであれば「YYYY-MM-DD」の形式とする
- 時刻：通常は12時間表記とし、「AM」または「PM」を末尾に付ける
- 数：原則として0〜9でスペルアウトするが、技術情報や日付などでは算用数字を使う
- 数に単位が付く場合、基本的にスペースを入れる。ただし通貨やパーセントなどでは入れない

08 その他の関連知識

ここまで取り上げてきた以外の関連知識を紹介します。

● 使用に注意すべき英語の言葉

使用しない、または、できれば変更したほうがよいとされる言葉があります。かつては一般的だった表現でも、現在では問題視されることもあります。そういった言葉のうち、ITに関連するものを紹介します。

● blacklist と whitelist

人種的偏見が助長される恐れがあるとされるため、blacklistやwhitelistは使用しません。

blacklistの場合、文脈に応じて「blocklist」や「denylist」と言い換えます。whitelistの場合、「allowlist」と言い換えます。ただし、1語でのスペルはまだ一般的でないため、それぞれ「block list」、「deny list」、「allow list」と2語にするのも可です。

● master と slave

奴隷制度を想起させるため、masterとslaveは使いません。特に組み合わせ（「master/slave」）は避け、文脈に応じて「primary/replica」、「primary/secondary」、「main/secondary」といった言葉に言い換えます。

◎ラテン語由来の略語

　使用しないとまではいかないものの、「e.g.」や「etc.」といったラテン語由来の略語は、できれば変更したほうがよいとされます。代表的な言葉と言い換えをまとめます。

- **e.g.**（「たとえば」の意味）
  - 代替表現：for example、like、such asなど
- **etc.**（「○○など」の意味）
  - 代替表現：including、like、such asなど
- **i.e.**（「つまり」の意味）
  - 代替表現：that isなど

● IT分野の代表的な英語スタイルガイド

　05〜08に含まれているような表記ルールは、一般的に「スタイルガイド」と呼ばれる資料にまとめられています。大手IT企業は独自に英語スタイルガイドを無償で公開しています。ここではIT分野の代表的な英語スタイルガイドとその特徴を簡単に紹介します。

> 📖参照 Google developer documentation style guide
> **https://developers.google.com/style**
> Googleのスタイルガイド。構成がわかりやすく、必要な情報が探しやすい。更新も頻繁にされている。
> 📖参照 Microsoft Writing Style Guide
> **https://learn.microsoft.com/en-us/style-guide/welcome/**
> Microsoftのスタイルガイド。長い歴史のある同社のスタイルガイドがベースになっているため、情報は充実している。

参照 Apple Style Guide

https://support.apple.com/ja-jp/guide/applestyleguide/welcome/web

Appleのスタイルガイド。A〜Zの見出しでまとめられた表現一覧が充実している。日付などで国際標準をベースにしている点で上記2社のスタイルガイドと違いがある。

参照 IT英語スタイルガイド

https://styleguide.progeigo.org/

上記大手IT企業のものを参考にし、日本語で解説した英語スタイルガイド。執筆は著者（西野）が担当し、本書関連部分のベースとなっている。

POINT

- blacklistとwhitelist、masterとslaveといった語は問題視されるため使用を避ける
- e.g.、etc.、i.e. はできれば言い換える
- Google、Microsoft、Appleのような大手IT企業がスタイルガイドを無償公開している

英語を生成させる
プロンプトと確認ポイント

生成AIに英語を書いてもらうためには
プロンプトを入力する必要があります。
本章では基本的なプロンプトと効果的なプロンプトのパターン、
最終版出力までの流れ、さらに
出力で確認すべきポイントについて説明します。

01 基本的なプロンプト

　すでに第1章でプロンプトの例をいくつか見てみました。プロンプトとは生成AIに対する指示です。たとえば、次のプロンプトでは翻訳を指示しています。

> 👤 下記の【翻訳対象】にある日本語を英語に翻訳してください。
>
> 【翻訳対象】
> 完了するには、OKボタンをクリックしてください。

　これに対し、生成AIは次の出力をしています。

> ☁ To complete, please click the OK button.

◉ 条件を指定して出力を制御

　上記のプロンプトは非常に単純です。しかし、プロンプトに「**条件**」を加えることで、生成AIの出力をユーザー側で制御できます。たとえば、次のようなプロンプトです。

> 👤 12月10日に予定のシステムメンテナンスで弊社ウェブサイトが閲覧できなくなる旨を伝えるメールの件名を英語で書いてください。ただし、次の条件に従ってください。
>
> ・読者は社外の顧客

> ・ニュアンスは堅め
> ・20ワード以内で

生成AIの出力は次の通りです。

🤖 "Attention: Scheduled Website Unavailability due to System
　Maintenance on December 10th"

　プロンプトに加える条件にはさまざまなものが考えられますが、英語
ライティングであれば以下のような項目を指定できるでしょう。

⊕ ドキュメント全般

- ドキュメントタイプ　例 マニュアル、プロダクト説明、通知メール
- 想定読者　例 顧客、小中学生、社内ユーザー

⊕ 表現方法

- 表記法　例 オックスフォード・カンマの使用、UIはボールド
- 用語　例 「ユーザー設定」は「Preference」
- ニュアンス　例 柔らかめ、堅め

⊕ 出力方法

- 書式　例 リストは中黒リスト、日付はISO形式（2024-12-08）
- データ形式　例 HTML、CSV、JSON
- 文字数　例 30ワード以内
- 件数　例 操作手順の数、リストの項目数

　こういった条件は、指定しても満たしてくれないこともありますし、逆
に指定していなくてもうまく対応してくれることがあります。コンピュー

ターのプログラムと違って必ず処理されるわけではありません。一度で満足できる結果が得られるケースもありますし、何度も条件を書き換えてプロンプトを出さなければならないケースもあります。

● プロンプトのパラメーター

　通常、ChatGPTなどチャット形式の生成AIでは、ユーザーが入力できるのはプロンプトだけです。しかし、一部のサービスでは、パラメーターを変えて**生成AIからの出力を調整**できます。たとえばOpenAIの「Playground」やGoogle Cloudの「Vertex AI」では、Temperature（温度）や最大トークン数といったパラメーターを調整できます。このうちTemperatureでは、生成AIが選択する単語のランダム性を調整します。そのためTemperatureを高く設定すると、生成するたびに多様で異なる表現が得られます。調整可能なサービスを使っている場合、必要に応じて変えてみてください。

POINT

- プロンプトでは次のような条件を指定可能
  - ドキュメント全般：ドキュメントタイプ、想定読者
  - 表現方法：表記法、用語、ニュアンス
  - 出力方法：書式、データ形式、文字数、件数

02 効果的なプロンプトのパターン

　ここまで基本的なプロンプトを見てきました。**プロンプトの出し方を工夫する**と、さらに効果的に英語ライティングができます。

　米バンダービルト大学のジュールズ・ホワイト氏らが発表した論文[注6-1]では、ChatGPTで使えるプロンプトのパターンがまとめられています。その中から、英語ライティングで活用できるパターンを3つ取り上げます。ペルソナ・パターン、選択肢提示パターン、反転インタラクション・パターンです[注6-2]。

● ペルソナ・パターン

　「**ペルソナ**」とは架空の人格のことです。特にプロンプトでは、**何らかの職業に就いている人**をペルソナとして設定します。例を挙げると、生成させたいテキストが法律関連であれば「法律家」、広告関連であれば「コピーライター」などがペルソナになります。

　たとえば製品の宣伝文を生成させる際、プロンプトで「ポジティブな形容詞を使い、1文は短めに……」などと語の選択や文体まで細かく指定しようとすると、非常に苦労します。どう指定すべきかもわからないでしょう。

　しかし、ペルソナを設定することで、細かな部分まで指定しなくても、「この職業の人が書きそうな文」を簡単に生成させられます。具体的には、次のようなプロンプトです。

> 👤 あなたはコピーライターです。弊社でリリースする読書記録アプリ「Simple Book Tracker」の宣伝文を英語で30ワード以内で書いてください。

生成AIは次の宣伝文を出力しました。

> 🌐 Track your reading journey effortlessly with Simple Book Tracker! Rediscover the joy of books and celebrate every reading milestone.

　IT分野のドキュメントであれば、次のようなペルソナが活用できるでしょう。

- **コピーライター**
  - ➡ 対象ドキュメント：プロダクト説明など
- **テクニカル・ライター**
  - ➡ 対象ドキュメント：マニュアル、APIリファレンス、リリースノートなど
- **プログラマー**
  - ➡ 対象ドキュメント：関数や変数の命名、ソースコードのコメントなど

▶ 選択肢提示パターン

　生成AIに出力してもらう回答は1つに限定する必要はありません。いくつか回答を出してもらった上で、それらを比較してメリットやデメリットを示してもらうと、自分の状況にあった回答を選択できます。さらに、一番お勧めの選択肢を参考までに挙げてもらってもよいでしょう。

弊社でリリースする読書記録アプリ「Simple Book Tracker」のキャッチフレーズを英語で15ワード以内で3つ挙げてください。さらに3つを比較し、最も推奨するものを理由と一緒に日本語で教えてください。

生成AIからは次の出力が得られました。

1. "Record Your Reading Journey with Simple Book Tracker."
2. "Transforming Every Page Into a Memory with Simple Book Tracker."
3. "Your Reading Companion for Life - Simple Book Tracker."

これら3つのキャッチフレーズから比較すると、「Transforming Every Page Into a Memory with Simple Book Tracker.」を最も推奨します。このフレーズは、アプリがただ読んだ本の記録をつけるだけではなく、それぞれのページが一生の思い出になることを示しています。この言葉により、読書体験が単なるアクティビティから感情的な経験に変わり、アプリがその過程を強調していると感じられるでしょう。

このサンプルではキャッチフレーズを出してもらいました。他にもたとえば、関数や変数の名前や、メールに書く依頼文のようなものを挙げてもらうことも可能です。

● 反転インタラクション・パターン

生成AIを使う場合は通常、人が生成AIに質問します。このパターンでは、逆に**生成AIから人に質問**してもらいます。インタラクション（やり取り）が反転するわけです。これによってAIは生成に必要な情報を収集できるので、出力の質が高まります。

サンプルを見てみましょう。まず、次のようにプロンプトを入力しました。

> 👤 弊社でリリースするアプリ「Simple Book Tracker」の宣伝文を英語で
> 50ワード以内で書いてください。出力する前に、書くのに必要な情報につ
> いて私に質問してください。ただし、質問は1つずつにしてください。

すると生成AIから質問が出力されました。

> 🔷 もちろん、それについては1つ質問があります。Simple Book Trackerアプ
> リは、どのような特徴や機能を持っていますか？

これに対し、次の入力をしました。

> 👤 読んだ書籍を記録できる

さらに、生成AIから次の質問が出ました。

> 🔷 ありがとうございます。アプリには他の同様のアプリと比べてどのような利
> 点がありますか？

これに対し、次の入力をしました。

> 👤 シンプルな操作で使える

最終的に、生成AIは次の回答を出しました。

> 🔷 Simple Book Tracker: A user-friendly, intuitive app to keep track of
> all the books you've read. Its simplicity sets it apart, ensuring you
> won't get lost in needless complications. Perfect for every book lover
> to simplify their reading journey!

この後、出力内容を精査し、必要であれば修正を加えて使います。

サンプルでは、生成AIから2回の質問が出ました。しかし、たとえば「質問は合計5回してください」のようにプロンプトを入力し、意図的に詳細な情報を与えることも可能です。なお、本パターンはチャット形式の生成AIでないとうまく出力されないことがあります。

POINT

効果的なプロンプトのパターンは以下の3つがある。

- ペルソナ・パターン：何らかの職業に就いている架空の人格を指定する
- 選択肢提示パターン：複数の回答とそのメリット・デメリットを提示してもらう
- 反転インタラクション・パターン：生成AIのほうから必要な情報を質問してもらう

03 最終版出力までの流れ

　ここまで、基本的なプロンプトと効果的なプロンプトのパターンを紹介しました。しかし、実際には1回のプロンプトで満足できる出力が得られるケースはまれです。満足できる回答を得るためには**プロンプトを入力し、得られた英文を確かめる作業を繰り返す**必要があります。最終的には人間による細かな確認作業を経て完成です。この流れを説明します。

▶ 手順1：仮出力を確かめてドラフト版を作成

　まずは**大雑把でよいのでプロンプトを入力**し、仮で出力を得てみましょう。大半のケースでは**1回で満足できる出力は得られない**はずです。その場合、なぜ期待する出力が得られなかったのかを考え、**プロンプトを調整**します。たとえば、英語で書いてほしかったのに日本語で出力されたら「英語で」といった指示を、リストにしてほしかったのに文章で出力されたら「リストにしてください」といった指示をプロンプトに加えます。その際、本章01で説明したような「条件」を提示したり、02で取り上げたパターンを活用したりします。

　プロンプトを調整しながら何度か入出力を繰り返すと、「ざっと見て問題ない」レベルの出力が得られるはずです。たとえばマニュアルであれば、第2章02で示したような文章構造を備えていそうだと感じるレベルです。第2～4章ではさまざまなドキュメントタイプの特徴を説明しました。これは、ざっと見て問題なさそうと感じ取れる「勘」を身に付けるのに必要だからです。

この、ざっと見て問題ない出力を「**ドラフト版**」と呼ぶことにします。次に、このドラフト版に対し、詳細な確認作業を実施します。

▶手順２：ドラフト版を詳細に確認

　生成AIは事実でない内容を創作することがあります。また、用語が間違っていたり、表記が一貫していなかったりします。ドラフト版をじっくり読みながら、**内容や表現の確認**を進めます。その際、注目すべきポイントがあります。これについては次節で詳しく説明します。

　なお、確認途中で**生成AIに質問すること**も可能です。これは追加的な手順としておきます。

▶手順３：修正を反映して最終版を作成

　ドラフト版を詳細に確認すると、**修正すべき点**が見つかるでしょう。修正点があれば、それを反映します。修正は手作業でもできますし、機械的な処理であれば生成AIに指示もできます。もちろん生成AIが余計な修正をしないか注視する必要はあります。そのように反映が終わると、「最終版」の作成が完了します。これで出来上がりです。

POINT

最終版出力までの流れは次の通り。

① 仮出力を確かめてドラフト版を作成
② ドラフト版を詳細に確認
③ 修正を反映して最終版を作成

04 出力確認のポイント

　生成AIは非常に強力なツールですが、手間がゼロになるわけではありません。従来の英語ライティングでは、英語表現の調査などに労力が求められました。一方、生成AIでは**人間による出力確認**に労力を割くことになります。

　03で紹介したように、ドラフト版を作成したらじっくり見て問題がないかを確認します。プロンプトで指定した内容がきちんと反映されているかという点に加え、事実関係や英語表現についても確かめます。本節では、ドラフト版に対して実施する出力確認（03の手順2）のポイントをまとめます。

● プロンプト指定

　まずは自分で入力したプロンプトの指定内容が反映されているかを確認します。01で、プロンプトで指定できそうな条件をいくつか例示しましたが、そうした指定内容が出力に反映されているかをチェックします。

● 事実関係

　生成AIはあり得そうな文章を創作するのが得意なため、事実と違っていても、それっぽい文章を作り出します。いわゆる「**ハルシネーション**」です。そのため、出力された**記述内容が事実であることを確認します**。英

文をしっかり解釈し、それが事実と合致しているか確かめる力が求められます。

　一般的な事実確認の際には、**信頼できる情報源**にあたりましょう。校閲を経た出版物、オンラインや紙の辞書、筆者や監修者が明記されたウェブ記事などです。生成AIサービスによっては、出力をウェブ検索して確認できる機能も搭載されています。

　また、**ユーザー自身しか確かめられない事実**もあります。たとえば自分が開発したアプリの英語マニュアルを生成AIに出力させた場合、機能や手順の説明が事実（実際のアプリ動作）と合致しているか、ボタンなどの名前が実際のUIと同一であるかどうかは、ユーザー自身でしかチェックできません。

● 英語表現

　次に、出力された英語表現についての確認です。次の4点に注目します。

● ドキュメントタイプに合った文章構造か

　第2〜4章で示したように、あるドキュメントタイプには、**期待されている文章構造**が存在します。出力された文章がそういった構造を備えているかを確認します。たとえばマニュアルであれば、見出しに続いて手順（導入文とステップ）があるといった文章構造です。

　読者が期待する文章構造を備えていない場合、読みづらいと感じたり、そもそも自分が読むべきドキュメントだと認識できなかったりする恐れがあります。

◎ドキュメントタイプに合った表現か

　同じく第2〜4章で示したように、各ドキュメントタイプで**一般的に用いられる表現**が存在します。

　マニュアルであれば、見出しがタスク型なら動詞原形としたり、各ステップの指示文はpleaseなしの命令形で書かれたりします。プロダクト説明の場合、魅力が伝わるような形容詞を多用したり、無生物主語を使った構文が頻繁に使われたりします。通知メールであれば、頭語や結語は相手との関係に応じて選択します。そういった各ドキュメントタイプに合った表現が用いられているかをチェックしましょう。

◎用語が妥当で一貫しているか

　英文中の用語が妥当であり、ドキュメント内で一貫して用いられているかを確認します。用語と一口にいっても次のようにいくつか種類があります。

専門用語

　何かしらの専門分野における用語です。たとえば、情報セキュリティ分野では「認証」という言葉が使われます。対応しそうな英語を辞書で引くといくつか候補が出てきますが、ユーザー認証の文脈であればauthenticateが妥当でしょう。こういった専門用語がドキュメント内で一貫して使われているかをチェックします。

組織内の用語

　会社のような組織内で使われる用語もあります。たとえば、部署名、肩書、プロジェクト名、プロダクト名などの英訳です。生成AIに学習させない限り、組織内の用語を正しく英訳できることはほとんどありません。妥当な用語が一貫して使われているかを確認します。

プロダクト内の用語

　プロダクト内で使われる用語もチェックが必要です。たとえば、ソフトウェアのマニュアルにユーザーを削除する操作手順が書いてあるとします。ソフトウェアUIのボタンが「Remove users」であったとしたら、マニュアルでも「Click **Remove users**.」とまったく同じに書かなければなりません。意味的に近いからと「Click **Delete users**.」や「Click **Remove a user**.」と書いた場合、文言が同一ではないので、ユーザーは混乱する恐れがあります。こういったプロダクト内の用語も確認しましょう。

◎ 表記が妥当で一貫しているか

　表記の妥当性と一貫性を確認します。表記とは、第5章05〜07で説明した内容です。たとえば、IT分野のドキュメントでは一般的に、文中で3つ以上の項目をandやorで並べた場合に最後の項目の直前にカンマ（オックスフォード・カンマ）を入れます。この表記が採用され、ドキュメント内で一貫して用いられているのかを確認します。他にも、たとえば見出しがセンテンス・スタイルまたはタイトル・スタイルで統一されているか、日付の形式が一貫しているかといった点をチェックします。

POINT

出力確認の際は以下の点に留意する。

- プロンプト指定：ドキュメント全般、表現方法、出力形式
- 事実関係
- 英語表現
  - ドキュメントタイプに合った文章構造か
  - ドキュメントタイプに合った表現か
  - 用語が妥当で一貫しているか
  - 表記が妥当で一貫しているか

生成AIを活用した
ライティングの実践

第1章で紹介した、生成AIを活用した英語ライティングで
基本となる3つの使い方（翻訳・添削・生成）の
実践例を紹介します。

01 「翻訳」の実践例とポイント

第1章で、以下のような生成AIを活用した英語ライティングで基本となる使い方を紹介しました。

- **翻訳**：ユーザーが日本語で文章を書き、生成AIに英語に翻訳してもらう
- **添削**：ユーザー自身が英語を書き、生成AIに添削してもらう
- **生成**：ユーザーは生成AIに指示を出し、英語の文章全体を書いてもらう

本章では、それぞれの実践例を取り上げます。

また、各実践例は第6章03で示した以下の「最終版出力までの流れ」に則って実施します。

①仮出力を確かめてドラフト版を作成
②ドラフト版を詳細に確認
③修正を反映して最終版を作成

まずは日本語から英語への**翻訳**に生成AIを使う実践例とポイントを解説します。ここでは、「マニュアル」の翻訳実践例を見てみましょう。原文の用意から出力の確認まで、手順を追って説明します。

⦿ 事前準備：日本語の原文を用意

　前段階として、英語に翻訳する日本語を用意します。ここでは、読んだ本を記録できるウェブアプリケーション「Simple Book Tracker」で、書籍を検索して登録する手順を例とします。UIは第4章01を参照してください。日本語の原文は次の通りです。

> #書籍を追加するには
>
> 本棚に書籍を追加するには、次の手順を実行します：
> 1. 画面上部にある検索フィールドで、書籍の名前、著者名、またはISBNを入力します。
> 2. 検索フィールドの右にある「検索」ボタンを押します。
> 3. 検索結果が一覧で表示されます。
> 4. 追加したい書籍にある「本棚に追加」ボタンを押します。
> ・注：書籍の詳細を確認したい場合、「詳細を表示」ボタンを押します。

⦿ 手順1：仮出力を確かめてドラフト版を作成

　続いてプロンプトを準備します。

> 🧑 下記の【翻訳対象】にあるマニュアルの日本語を英語に翻訳してください。
> ただし、次の条件に従ってください。
> ・見出し（#で示す）は動詞で書き始め、主語は省略する
> ・手順のステップが命令文の場合、pleaseは不要
> ・UIには次の英語を使う
>
> 　　- 検索：Search
> 　　- 本棚に追加：Add to bookshelf
> 　　- 詳細を表示：See more
>
> 【翻訳対象】
> #書籍を追加するには

> 本棚に書籍を追加するには、次の手順を実行します：
> 1. 画面上部にある検索フィールドで、書籍の名前、著者名、またはISBNを入力します。
> 2. 検索フィールドの右にある「検索」ボタンを押します。
> 3. 検索結果が一覧で表示されます。
> 4. 追加したい書籍にある「本棚に追加」ボタンを押します。
> ・注：書籍の詳細を確認したい場合、「詳細を表示」ボタンを押します。

　このプロンプトを実施して仮出力をざっと見たところ、「Press the 'Search' button」などとボタン名が一重引用符で囲まれてしまいました。第2章02の「表現のポイント」で取り上げたように、マニュアルでは、UI要素はボールドで表記するのが一般的です。そこで、条件として下記を追加しました。

> 👤 ・UI要素（かぎかっこで示す）はボールドにする。ボールドはMarkdown形式のアスタリスク2つで囲む

　この調整を加えたプロンプトを再度実行したところ、次の仮出力が得られました（文中の❶などの数字は、後で解説するポイントを示しています）。

🤖 #Add a Book ❶

To add a book to your bookshelf, follow the steps below: ❷
1. Enter the name of the book, author, or ISBN into the search field at the top of the screen.
2. Press the **Search** ❸ button to the right of the search field.
3. The search results will be displayed in a list.
4. Press the **Add to bookshelf** button for the book you want to

add.

  - Note: If you want to see more details of the book, press the **See more** button. ④

   ざっと見て問題はなさそうなので、これをドラフト版とし、手順2に従って詳細に確認します。

   なお、生成AIによっては入出力できる文字数（トークン）に制限があります。あまりに長い原文だと、文字数の上限に達して出力されなかったり、おかしな生成結果を出したりすることがあります。ざっと見ておかしいと感じたら、制限が適用されている可能性もあります。

▶ 手順2：ドラフト版を詳細に確認

   続いて手順1で得られた出力を確認します。第6章04で挙げた「出力確認のポイント」に沿って進めます。**プロンプト指定、事実関係、英語表現**の3点です。

⊕ プロンプト指定

   まず、自分で書いたプロンプトの内容が満たされているかを1つずつ確認しましょう。

- 見出し（＃で示す）は動詞で書き始め、主語は省略する
  - ➡ ① で「Add a Book」となっています。動詞Addで始まり、主語が省略されているので問題なさそうです。
- UI要素（かぎかっこで示す）はボールドにする。ボールドはMarkdown形式のアスタリスク2つで囲む
  - ➡ ③ の「Search」など、3つあるUI要素はすべてアスタリスク2つで囲まれているので、問題なさそうです。

- 手順のステップが命令文の場合、pleaseは不要
  - ➡1〜4の各ステップでpleaseなしの命令文がきちんと使われています。
- UIには次の英語を使う
  - 検索：Search
    - ➡問題ありません。
  - 本棚に追加：Add to bookshelf
    - ➡問題ありません。
  - 詳細を表示：See more
    - ➡問題ありません。

プロンプト指定はきちんと反映されているようです。

✪事実関係

次に、事実関係です。英文を読みながら手順を追ってアプリを操作してみましたが、問題なくすべての操作が完了しました。現実世界の事実と合致しているので、問題ありません。

✪英語表現

最後に英語表現を確認します。

ドキュメントタイプに合った文章構造か

見出し、導入文、手順というマニュアルで一般的な文章構造（第2章02参照）になっています（原文の日本語がそうなっている）。

ドキュメントタイプに合った表現か

いくつかポイントを見てみましょう。

- ❷で導入文「To add a book to your bookshelf, follow the steps below:」は「To add …」と「目的」を示す副詞節から始まっており、文末もリストを導くコロンになっています。また、followを見ると直後に目的語（steps）を取っているため他動詞です。そのため、「○○に従う」の意味となります。
- 手順は番号リストで、各ステップもpleaseなしの命令文です。ドラフト版を得る段階で修正した結果、ボタン名もMarkdown形式でボールドになっています。
- 最後にある❹の注意書きも「Note:」とマニュアルで用いられる形で書かれています。

　全体的にマニュアルというドキュメントタイプで使われる表現の特徴に合致しています。

用語が妥当で一貫しているか

　プロンプトで指定した用語が使われている点は先ほど確認しました。ただし、気になる点が1つ見つかりました。ステップ1には「Enter the name of the book, author, or ISBN into …」とあります。しかし、実はUI上には「* Enter a title, author's name, or ISBN.」と注意書きがあります。そのため、プロダクト内の用語を一貫させるために、「Enter a title, author's name, or ISBN into …」と後者に合わせて修正する必要があります。

表記が妥当で一貫しているか

　全般的に問題なさそうです。ただ、❶の見出しで「#Add a Book」とBookが大文字なので、いわゆる「タイトル・スタイル」（第5章06参照）になっています。もちろんタイトル・スタイルで統一しても問題ありませんが、ルールが複雑なので、「センテンス・スタイル」で統一します。今

回見出しは1カ所だけでしたが、長いドキュメントを出力させたり、出力を手作業で組み合わせたりする場合、ばらつきが出る恐れがあるので注意してください。

● 手順３：修正を反映して最終版を作成

　修正すべき点を反映した最終的なテキストは次の通りです。

```
#Add a book

To add a book to your bookshelf, follow the steps below:
1. Enter a title, author's name, or ISBN into the search field at the top of the
screen.
2. Press the **Search** button to the right of the search field.
3. The search results will be displayed in a list.
4. Press the **Add to bookshelf** button for the book you want to add.
 - Note: If you want to see more details of the book, press the **See more**
button.
```

　「翻訳」は非常に便利ですが、もともと日本語で書いた文書だと、どうしても日本語的な発想の表現が英語に残ってしまうことがあります。

　その場合は次の「添削」を使って英語を改善してもよいでしょう。翻訳と添削を組み合わせる方法は、本章04の「応用的な実践例」で紹介しています。

02 「添削」の実践例とポイント

　次に、ユーザー自身が書いた英語を**生成AIに添削してもらう**実践例とポイントを解説します。アプリ上で表示するメッセージの添削をサンプルとします。翻訳のときと同様、手順を追って説明します。

▶ 事前準備：英語を書く

　実際の手順を始める事前準備として、読んだ本を記録できるウェブアプリケーション「Simple Book Tracker」に表示される英語メッセージを自力で3つ書いてみます。

● エラーメッセージ

　まず、本の検索で1冊も見つからなかったときのエラーメッセージです。

```
No book was found after the search.
```

● 確認メッセージ

　続いて、本棚から本を削除しようと「Delete」ボタンを押した後の削除確認メッセージです。

```
Is it OK to delete book from bookshelf?
```

● 成功メッセージ

　最後に、設定を変更し、「Save」ボタンを押した後の成功メッセージで

す。

Setting was saved successfully.

● 手順1：仮出力を確かめてドラフト版を作成

　次にプロンプトを準備します。今回は第6章02で紹介した「ペルソナ・パターン」を使ってみます。英語のテクニカルライターとして添削してもらい、添削した点と理由をリストでまとめてもらいます。

> 👤 あなたは英語のテクニカルライターです。下記の【添削対象】にある（ア）〜（ウ）の3つの文を添削してください。添削した点と理由はリストにしてまとめてください。なお、【添削対象】にある3つの文は、読んだ本を記録できるウェブアプリケーション「Simple Book Tracker」に表示される英語メッセージです。
>
> 【添削対象】
> （ア）No book was found after the search.
> （イ）Is it OK to delete book from bookshelf?
> （ウ）Setting was saved successfully.

　上記のプロンプトを実行したところ、次のテキストが生成されました。ざっと見て問題なさそうです。幸運にも1回でドラフト版が得られました（文中の❶などの数字は、後で解説するポイントを示しています）。

🌐 【添削結果】

（ア）No books were found in the search.

（イ）Are you sure you want to remove this book from your bookshelf?

（ウ）Settings have been saved successfully.

【添削した点と理由】

1.（ア）"No books were found in the search."

・"books" に変更した点：本が1冊以上見つからなかったことを伝えるためには、複数形の"books"を用います。❶

・"in" に変更した点："in"は特定の状況や場面を指すため、検索の結果が含まれる文脈に適切です。

2.（イ）"Are you sure you want to remove this book from your bookshelf?"

・"Are you sure"に変更した点："Is it OK"よりも、ユーザーに対する丁寧さを示すためのフレーズです。

・"remove"に変更した点："delete"は単に削除するだけですが、"remove"は物理的な場所から移動することを表すため、本棚から本を移動する場合は"remove"が適しています。❷

・"this book"に変更した点：ユーザが選択した本についての明確な指摘を行うことで、メッセージを一般的ではなく具体的なものにします。

3.（ウ）"Settings have been saved successfully."

・"have been"に変更した点：設定が成功して保存されたことを被動態で正確に表現するためです。❸

▶ 手順2：ドラフト版を詳細に確認

　次に（ア）〜（ウ）それぞれの出力結果について確認します。前節と同様、第6章04で挙げた「出力確認のポイント」に沿って進めます。プロンプト指定、事実関係、英語表現です。

◎（ア）の結果

　「No books were found in the search.」が添削後の文です。

プロンプト指定

　指示はやや複雑に思えますが、誤解はなく、プロンプトの指定内容はきちんと満たされています。

事実関係

　事実と異なる内容ではなく、「本を検索したものの、1つも見つからなかった」というメッセージを意図していたので、問題はありません。

　❶では「本が1冊以上見つからなかったことを伝えるためには、複数形の"books"を用います」とあります。しかし、説明がよくわからないので、信頼できる情報源である辞書で確認してみましょう。

　たとえば、『ウィズダム英和辞典　第4版』（三省堂）で形容詞の「no」の項目を引くと、noの後に可算名詞（第5章01参照）が続く場合、「通常なら複数存在すると思われる場合は複数形を、単数のものに注目する場合は単数形を用いる」とあります。検索結果は通常なら複数あるため、booksとしてよさそうです。

英語表現

　最後に英語表現のチェックです。

●ドキュメントタイプに合った文章構造か

第4章01の「ドキュメントの主要素と構造：メッセージ」で示したように、メッセージではユーザーとソフトウェアとの間でやり取り（対話）が構造となります。対話から外れる内容ではないため、問題はありません。

●ドキュメントタイプに合った表現か

第4章01の「重要な単語と表現集」の「エラー表現」にあるように、「no ○○」は頻出する表現です。また、その表現は維持しつつ、bookがbooksに、afterがinに修正されています。名詞の複数形と前置詞の選択は日本語母語話者は間違いがちなので、参考になる修正案です。

●用語が妥当で一貫しているか

bookやsearchは他の場所にもあり、一貫性に問題はありません。

●表記が妥当で一貫しているか

特に問題になりそうな表記はありません。

◯（イ）の結果

「Are you sure you want to remove this book from your bookshelf?」が添削後の文です。

プロンプト指定

（ア）と同様、問題ありません。

事実関係

事実と齟齬はないため、問題ありません。プロンプトで入力した文と大きく違いますが、意図した通りの内容です。

英語表現

●ドキュメントタイプに合った文章構造か

　ユーザーを「you」と呼ぶような対話となっており、構造としては問題ありません。

●ドキュメントタイプに合った表現か

　第4章01の「表現のポイント：メッセージ」にあるように、「Are you sure you want to ○○ ?」は確認メッセージの頻出表現です。添削前と大きく構文が変わっていますが、むしろより適切な表現です。

●用語が妥当で一貫しているか

　deleteがremoveに修正されています。第2章03の「重要な単語と表現集」で触れましたが、deleteは保存されたデータや情報を削除する文脈、removeはある場所から物や人を除去する文脈で用いられます。本棚という場所から本を取り除く場合、❷にあるようにremoveでよさそうです。

●表記が妥当で一貫しているか

　特に問題になりそうな表記はありません。

＋（ウ）の結果

　「Settings have been saved successfully.」が添削後の文です。

プロンプト指定

　（ア）と（イ）と同じく問題ありません。

事実関係

　やはり事実と齟齬はないので問題ありません。過去形「was saved」が現在完了形「have been saved」に変更されています。添削後のほうが

「ちょうど終わった」という実際の状況を適切に表現できています。なお、❸の説明にある「被動態」とは受動態のことです。

英語表現

●ドキュメントタイプに合った文章構造か

メッセージの特徴である対話の構造からは外れていないので、問題ありません。

●ドキュメントタイプに合った表現か

第4章01の「表現のポイント：メッセージ」で示したように、「successfully」は成功メッセージで頻出する表現です。ドキュメントタイプに合っています。

●用語が妥当で一貫しているか

第4章01の「重要な単語と表現集」の表4-2で示したように、日本語の「設定」に対応する英語にはsettings、configuration、option、preferenceがあります。実際のUIではどれが使われているかを確認し、それに合わせる必要があります。事実の確認であるともいえるでしょう。

●表記が妥当で一貫しているか

（イ）を見ると、ユーザーの所有物には「your」が使われています。そのためsettingsも「Your settings」に書き換えると、ユーザーが自身で実行した設定というニュアンスが出せるかもしれません。この点について、生成AIに再度プロンプトを出して意見を聞いてみましょう。

▶ 追加手順：生成AIに再度プロンプトを指示

ここで、生成AIに「Settings have been …」を「Your settings have been

…」に書き換えた場合のニュアンスの違いを聞いてみます。

> 👤 **(ウ) を「Your settings have been saved successfully.」にした場合、ニュアンスはどう違いますか？**

すると、次の回答が得られました。

> 🌀 「Your settings have been saved successfully.」とした場合、直訳すると「あなたの設定が成功裏に保存されました」となります。これにより、「あなた（ユーザー）自身が設定した内容」が保存されたことを強調しています。一方、「Settings have been saved successfully.」では、その所有者について言及せず、ただ「設定が成功裏に保存されました」といった一般的な意味合いになります。
>
> したがって、「Your」を付けることで、ユーザーが改めて自身のアクションによって設定が保存されたことを認識しやすくする効果があります。ただし、これは微細なニュアンスの違いであり、双方とも設定が保存されたことを適切に伝えています。どちらが適切かは、アプリの全体的なトーンやスタイルによるところが大きいでしょう。

やはりユーザー自身のアクションというニュアンスが出るようです。不審に感じられる説明もなさそうなので、今回は（イ）に合わせてyourを付ける書き方を選択します。

生成AIがチャット形式の場合、このように直前のやり取りを参照しながら指示を出せます。

▶ 手順３：修正を反映して最終版を作成

上記の結果を受け、修正を反映した最終版は次の通りです。

　「添削」は、英語らしい英語に仕上げてもらったり、ドキュメントタイプに合った表現に書き換えてもらったりするのに便利です。既存の英語文書の改善にも使えます。積極的に活用しましょう。

03 「生成」の実践例とポイント

　最後に生成の実践例とポイントです。ユーザーが生成AIに指示を出し、英語の文章全体を書いてもらいます。翻訳や添削と比べると、生成AIの特性が最も発揮される使い方だといえるでしょう。そのため実践例は多めに紹介します。

● 名前（関数名）

　まずは、「関数の名前」の実践例を取り上げます。

　プログラミング中に命名で悩むことがあります。そんなときには生成AIに名前の候補を作ってもらいましょう。プロジェクトIDからプロジェクトのステータスを取得する関数を例としてみます。

● 手順1：仮出力を確かめてドラフト版を作成

　最初にプロンプトを準備します。第6章02で取り上げたパターンのうち、「ペルソナ・パターン」と「選択肢提示パターン」を使ってプロンプトを書いてみます。

> 🄰 あなたはプログラマーです。プロジェクトIDからプロジェクトのステータスを取得する関数の名前を3つリストで挙げてください。さらに、その3つの関数名を比較し、どれが最も適切なのか、理由も一緒に教えてください。

　仮出力を見たところ、最初の3行は次のようになっていました。

1. getProjectStatusById
2. fetchProjectStatus
3. retrieveStatusByProjectId

　　＜後略＞

　まず、関数名にはパラメーターの情報も加えたいと思いました。そこで、「関数はパラメーターとしてid（int型）を取ります」という1文を加えます。さらに、言語はPythonを想定しているので、その旨も追記します。調整後の新しいプロンプトは次の通りです。

> あなたはプログラマーです。プロジェクトIDからプロジェクトのステータスを取得する関数の名前を3つリストで挙げてください。関数はパラメーターとしてid（int型）を取ります。さらに、その3つの関数名を比較し、どれが最も適切なのか、理由も一緒に教えてください。なお、プログラミング言語はPythonです。

　このプロンプトを生成AIに入力すると、次の仮出力が得られました。ざっと見たところ問題はなさそうです。ドラフト版として次の手順に進みます。

1. get_project_status_by_id(id)
2. fetch_project_status(id)
3. retrieve_project_status(id)

これら3つの関数名は意味的にはほぼ同じですが、適切さという観点で見れば、最も推奨される関数名は "get_project_status_by_id(id)" でしょう。

理由は以下の3点です：

1. 関数名は具体的であり、何を取得するのか（プロジェクトのステータス）、そしてどのような情報を用いて取得するのか（ID）がわかります。

2. "get_"という述語はプログラミングにおいてよく使われ、何かを取得、取り出すという操作を行うことを示しています。

3. "by_id"という部分があるため、パラメータがIDであることが明示的に表現されています。

したがって、この関数名はPythonのエンジニアが一般的に使用する規約（詳細や起こり得る副作用を関数名自体で表すこと）を遵守し、それにより他の開発者が理解しやすく、保守しやすいコードになります。

✚ 手順2：ドラフト版を詳細に確認

では、確認ポイントと照らし合わせながら詳細にチェックしてみましょう。特に推奨された関数名「get_project_status_by_id(id)」に注目します。

プロンプト指定

プロンプトで意図した結果が得られています。名前の候補を3つ挙げた上で、最も適切なものとその理由が説明されています。

事実関係

プロジェクトIDからステータスを取得する関数であるため、名前に問題はなさそうです。挙げられている3点の理由も妥当そうです。

英語表現

● ドキュメントタイプに合った文章構造か

名前に文章のような大きな構造はありません。ただし、第4章02の「ドキュメントの主要素と構造」で示したように、名前にも構造があります。Pythonでは関数の名前を「スネークケース」で書く場合が多く、生成AI

からの提案もそのようになっています。名前の構造に問題はなさそうです。

● ドキュメントタイプに合った表現か

　第4章02の「表現のポイント」の「関数名とメソッド名」に示したように、関数名では「動詞＋目的語」の形式がよく用いられます。提案された関数名も、getが動詞、project statusが目的語、by idが修飾要素（副詞句）です。ドキュメントタイプに合致した表現になっています。

● 用語が妥当で一貫しているか

　生成AIの出力結果の2つ目の理由で、getがよく使われると説明しています。第4章02の「重要な単語と表現集」にある「取得・検索」でgetを取り上げていますが、その説明にあるように、getは取得や検索で頻繁に用いられる動詞です。fetchやretrieveも間違いではありませんが、getを選択するのが妥当です。

● 表記が妥当で一貫しているか

　問題となりそうな表記はありません。

● 手順3：修正を反映して最終版を作成

　特に修正をせず、生成AIからの提案通り「get_project_status_by_id(id)」を関数名として採用します。

● プロダクト説明

　次に、プロダクト説明の実践例です。第3章01の「表現のポイント」で示したように、プロダクト説明では**魅力を伝えるための表現**が多用されます。ITエンジニアが触れる機会の多い技術資料とは言語的な特徴が大き

く異なるため、書くのはなかなかハードルが高いでしょう。こういった場合に生成AIは役に立ちます。

　ここでは、散歩中に見かけた鳥の写真を撮ると、その鳥について教えてくれた上で、見た場所を地図上に記録してくれるモバイルアプリ「My Bird Friends」のプロダクト説明を生成してもらいましょう。世界中からアクセス可能なアプリマーケット（アプリストア）のプロダクト紹介ページに載せるような説明です。

⊕ 手順1：仮出力を確かめてドラフト版を作成

　最初にプロンプトを準備しましょう。条件として、ドキュメントタイプ、想定読者、ワード数、出力形式（Markdown）、さらに文章構成を指定してみます。プロダクト説明なので、ペルソナ・パターンを使って「コピーライター」として振る舞ってもらいます。最後に、製品の特長をリストで入力します。まとめると次の通りです。

> 👤 あなたはコピーライターです。モバイルアプリである「My Bird Friends」のプロダクト説明を英語で書いてください。
> アプリの特長は下記にまとめてあります。特長はそれぞれ見出しを付けて読みやすくしてください。また、次の条件に従って書いてください。
> ・ドキュメントタイプ：プロダクト説明（アプリマーケットに掲載）
> ・想定読者：野鳥や散歩が好きな大人
> ・ワード数：150〜200ワード
> ・出力形式：Markdown
> ・文章構成：
> 　- アプリのタイトル
> 　- アプリの概要
> 　- 特長のリストと簡潔な説明
> 　- ダウンロード方法

【特長】
・鳥の写真を撮影すると、その名前を教えてくれる
・野鳥図鑑と連動し、鳥の詳細情報がわかる
・鳥を見た場所を地図上に記録できる
・その地図は他のユーザーと共有できる

　仮出力に目を通したところ、enthusiasts（マニア）、habitat（生息地）、diet（常食）といった、やや難解で専門的と感じられる英単語や表現がいくつもありました。世界中からアクセス可能なアプリマーケットに載せる文章のため、英語の非母語話者もすぐに理解できる言葉やニュアンスを使いたいところです。そこで、条件のリストに次を加えてみます。

👤・ニュアンス：英語の非母語話者でもわかる表現

　この調整後のプロンプトを生成AIに入力すると、次の出力が得られました。ざっと見た感じでは問題なさそうなので、これをドラフト版にします。

🌐 # My Bird Friends

❶ **My Bird Friends** is a highly intuitive, interactive mobile app designed for adults who love bird watching and walking outdoors.
❷ Utilize this app to experience an elevated level of fun, education, and sharing about birds.

Key Features

1. **Bird Identification**: Capture photos of birds and let the app identify their names.❸　Not just a photo album, but a personal bird identifier.

Key Features

1. **Bird Identification**: Capture photos of birds and let the app identify their names. ❸ Not just a photo album, but a personal bird identifier.
2. **Bird Encyclopedia**: The app is synchronized with a bird ❹ encyclopedia, allowing you to gain detailed information about each bird you spot.
3. **Location Recording**: Log the locations where you encounter various birds on a map. It's like a personal bird-watching journey at your fingertips!
4. **Map Sharing**: Share your bird-spotting maps with other users. ❺ Experience the joy of bird watching together, even when you're apart.

Downloading the App

❻ Download "My Bird Friends" on the app store of your choice (available on both iOS and Android), create an account, and start your bird-watching adventure today with this user-friendly and educative tool!

⊕ 手順2：ドラフト版を詳細に確認

これまでと同様、3つの確認ポイントに沿ってチェックしてみましょう。

プロンプト指定

　プロンプトに含めた条件は満たされています。たとえば出力形式はMarkdownですし、ワード数は168、文章構成も指示通りです。また、難解と思われる単語や表現も限定的で、英語の非母語話者でもハードルは高すぎないでしょう。

事実関係

　My Bird Friendsは架空のアプリですが、実在のアプリであれば、実際の挙動を確認します。たとえば❻のダウンロード方法には、「available on both iOS and Android」とあります。実際に両方がダウンロード可能かを確認します。さらにその直後に「create an account」とありますが、アカウント作成の手順が実際に必要なのかも確認が必要です。

英語表現

●ドキュメントタイプに合った文章構造か

　第3章01の「ドキュメントの主要素と構造」でプロダクト説明の文章構造を示しましたが、今回はプロンプトで構成を指定しています。そのため、ここで問題はありません。

●ドキュメントタイプに合った表現か

　第3章01の「表現のポイント」で触れたように、プロダクト説明の特徴として、まず「**魅力を伝える表現**」があります。たとえば❶にある「highly intuitive, interactive」や❻にある「user-friendly and educative」といった形容詞や副詞です。

　さらに「**行動を促す表現**」もよく使われます。たとえば❷にある「Utilize this app to …」、❸にある「Capture photos of birds and let the app …」、❺にある「Share your bird-spotting maps …」です。

　同じく「**無生物主語**」で魅力を伝えるのもプロダクト説明の特徴です。たとえば❹のallowingです。第3章01の「重要な単語と表現集」の「魅力を伝える動詞」にあるように、「allow <人> to <動詞>」の形で無生物主語の文を作ります。

　このallowingの部分はややわかりにくそうなので、英文法の分析をしてみましょう。まずallowing以下は「副詞句」です（第5章02の「句」参照）。動詞allowがallowingという現在分詞（第5章01の「品詞の種類」の「準動

詞」参照）として、分詞構文の形で副詞句を作っています。またallowing
以下の副詞句は、文の要素としては修飾要素Mです（ちなみに文全体と
しては「app」が主語S、「is synchronized」が動詞V、「with a …」が修飾
要素M）。このようにやや複雑な英文が出力された場合、英文法的に分析
すると把握しやすくなることがあります。

　全体としては、ドキュメントタイプに合致した表現が用いられていると
いえそうです。

●用語が妥当で一貫しているか

　特に問題はなさそうです。ただし、アプリに英語版のUIやマニュアル
がある場合、同じ用語が一貫して使われているのかチェックしましょう。
たとえば、「野鳥図鑑」の英訳として「bird encyclopedia」が採用されてい
ますが、英訳の候補としては「picture book」や「field guide」といった言
葉も考えられます。ドキュメント間の用語の一貫性を確認します。

●表記が妥当で一貫しているか

　検討したいポイントが2つあります。

　第5章06で取り上げたように、見出しには「センテンス・スタイル」と
「タイトル・スタイル」があります。生成AIの出力はタイトル・スタイル
で一貫していますが、ルールがシンプルであることを考慮すると、セン
テンス・スタイルで統一してもよいでしょう。

　特長には番号リストが使われています。番号リストは操作手順など順
序が関係する場合に使う方針であれば、中黒リストにします。

◉手順3：修正を反映して最終版を作成

　もちろん手作業で修正を反映しても構いませんが、機械的な修正であ
れば生成AIにしてもらうと効率的です。たとえば、表記に関連する部分
だけを生成AIにしてもらいましょう。前回の出力に続き、次のプロンプ

トを入力してみます。「たとえば○○」のように、生成AIに例示するのも有効です。

> 👤 固有名詞を除き、見出しをセンテンス・スタイルに変えてください。たとえば、「Downloading the App」なら「Downloading the app」です。また、番号リストは中黒リストに変えてください。

すると、次の出力が得られました。

🧠 # My Bird Friends

My Bird Friends is a highly intuitive, interactive mobile app designed for adults who love bird watching and walking outdoors. Utilize this app to experience an elevated level of fun, education, and sharing about birds.

Key features

- **Bird identification**: Capture photos of birds and let the app identify their names. Not just a photo album, but a personal bird identifier.
- **Bird encyclopedia**: The app is synchronized with a bird encyclopedia, allowing you to gain detailed information about each bird you spot.
- **Location recording**: Log the locations where you encounter various birds on a map. It's like a personal bird-watching journey at your fingertips!
- **Map sharing**: Share your bird-spotting maps with other users. Experience the joy of bird watching together, even when you're apart.

Downloading the app

Download "My Bird Friends" on the app store of your choice (available on both iOS and Android), create an account, and start your bird-watching adventure today with this user-friendly and educative tool!

　見出しはセンテンス・スタイルになり（固有名詞のMy Bird Friendsは除く）、リストも中黒リストに変更されているようです。これ以上の修正の必要はなさそうなので、これを最終版とします。

⊙ APIリファレンス

　続いてAPIリファレンス、特にメソッドや関数の説明が主となるAPIリファレンスの実践例を取り上げます。第2章03のコラムでも少し触れましたが、APIリファレンスのようなドキュメントを自動生成できるツールが存在します。非常に便利なのですが、使うためには、ソースコード内に手作業でコメントを付けておく必要があります。

　そこで、今回の実践例では生成AIにソースコードを読み込ませ、そこからAPIリファレンスを書いてもらいます。すでに存在するソースコードからAPIリファレンスを作るようなケースで応用できるはずです。

⊕ 手順1：仮出力を確かめてドラフト版を作成

　本棚管理アプリに登場するBookshelfクラスのソースコード（Python言語）からAPIリファレンスを生成してもらいます。第2章03の「ドキュメントの主要素と構造：メソッド／関数」で説明したような構造を想定しています。プロンプトでは、次のように出力形式についていくつか条件を加えてみます。

下記のBookshelfクラスのAPIリファレンスを英語で書いてください。ただし、次の条件に従ってください。
・出力形式はMarkdown
・属性は表の形でまとめる
・メソッドの説明は三人称単数現在形の動詞から書き始める

```
class Bookshelf:
    def __init__(self, owner, created_at, book_list):
        self.owner = owner
        self.created_at = created_at
        self.book_list = book_list

    def add_book(self, book):
        self.book_list.append(book)

    def remove_book(self, book):
        self.book_list.remove(book)

    def get_owner(self):
        return self.owner

    def get_created_at(self):
        return self.created_at

    def get_book_list(self):
        return self.book_list
```

　仮出力を得たところ、たとえば「get_owner()」メソッドの説明部分は次の通りでした。

<前略>

`get_owner()`

Returns the owner of the bookshelf.

Parameters:

None.

Returns:

String: The owner of the bookshelf.

<後略>

　パラメーターがない場合にいちいち「None」（なし）と記述するのは冗長な感じがします。さらに、「属性は表の形でまとめる」としたので、パラメーターと戻り値も表にすると統一感が出るかもしれません。そこで、次の条件を加えてみます。

> ・もしメソッドにパラメーターや戻り値があれば、データ型と説明を表の形で簡潔にまとめる

　調整後のプロンプトを実行すると、次の結果が得られました。

Bookshelf Class API Reference

The `Bookshelf` class represents a bookshelf owned by a user.

Attributes

Attribute	Data Type	Description
`owner`	String	The owner of the bookshelf.
`created_at`	DateTime	The date and time when the bookshelf was created.
`book_list`	List	The list of books on the bookshelf.

Methods

`add_book(book)`

Adds a book to the bookshelf.

Parameter	Data Type	Description
`book`	String	The book to be added to the bookshelf.

`remove_book(book)`

Removes a book from the bookshelf.

Parameter	Data Type	Description

| `book` | String | The book to be removed from the bookshelf. |

`get_owner()`

❹ Returns the owner of the bookshelf.

Return	Data Type	Description
owner	String	The owner of the bookshelf.

`get_created_at()`

Returns the date and time when the bookshelf was created.

Return	Data Type	Description
created_at	DateTime	The date and time when the bookshelf was created.

`get_book_list()`

Returns the list of books on the bookshelf.

Return	Data Type	Description
book_list	List	The list of books on the bookshelf.
❺

　ざっと見たところ問題はなさそうなので、これをドラフト版として次の手順に進みます。

⊕手順2：ドラフト版を詳細に確認

プロンプト指定、事実関係、英語表現の3点から確認を進めます。

プロンプト指定

指定した4つの条件はすべて満たされているので、問題ありません。

事実関係

全体を対象にすると説明が長くなってしまうので、ここではメソッドの3番目にあるget_owner()に絞ります。次の点を確かめてみます。

まずは戻り値のデータ型です。表を見るとString型と書かれていますが、ソースコードには明示されていません。int型かもしれませんし、独自のOwner型かもしれません。実装を確かめたほうがよいでしょう。

次にメソッドの説明文です。❹に「Returns the owner of the book-shelf.」とありますが、戻されるのは所有者（owner）のどういった情報なのかが不明確です。名前かもしれませんし、メールアドレスかもしれませんし、IDかもしれません。やはり実装を見て確かめ、たとえばIDであれば「Returns the ID of the bookshelf owner.」のように書き換えます。

繰り返しになりますが、生成AIはテキストを創作します。ソースコードの実装のような事実と見比べて確認するのが人間の仕事になります。

英語表現

●ドキュメントタイプに合った文章構造か

第2章03の「ドキュメントの主要素と構造：メソッド／関数」でAPIリファレンスの一般的な構造を示しました。出力を見るとクラスの見出し、全体説明、属性（Attributes）と続き、メソッド見出し（Methods）の下にメソッドが一覧になっています。各メソッドでは、名前、概要、パラメーター／戻り値の情報が含まれています。ドキュメントタイプに合致した文章構造です。

● ドキュメントタイプに合った表現か

　第2章03の「表現のポイント」で、「主語を省略して動詞から書く」と「説明は名詞句も可能」を挙げています。この2点から確認してみましょう。

　まずは「主語を省略して動詞から書く」です。そもそもプロンプトで「メソッドの説明は三人称単数現在形の動詞から書き始める」と指定したため、❷の「Adds a book to the bookshelf.」のようにドキュメントタイプに合致した表現になっています。ただし、冒頭にあるクラスの説明（❶）は「The \`Bookshelf\` class represents a bookshelf owned by a user.」と主語が省略されていません。メソッドと合わせて主語を省略し、「Represents a bookshelf …」とも記述できます。

　続いて「説明は名詞句も可能」についてです。パラメーターの説明は❸の「The book to be added to the bookshelf.」など、戻り値の説明は❺の「The list of books on the bookshelf.」などと、名詞句で記述されています。ドキュメントタイプに合った表現です。

● 用語が妥当で一貫しているか

　パラメーターや戻り値の表で、データ型が「String」、「DateTime」、「List」と大文字で書かれています。しかし、Python言語のデータ型では、それぞれ「str」、「datetime」、「list」であるため、それに合わせます。

　もし複数のクラスのAPIリファレンスを別々に生成する場合、用語が一貫しているかも確認します。たとえば、戻り値の表の列見出しが「Return」か「Return Value」かで表記が揺れていないかといった点です。

● 表記が妥当で一貫しているか

　生成された範囲内では、表記は一貫しています。ただし表の見出しが「Data Type」とタイトル・スタイルです。第5章06の「タイトルと見出し」で示したように、センテンス・スタイルのほうがルールがシンプルなので、そちらに統一してもよいでしょう。

⊙ 手順3：修正を反映して最終版を作成

前の手順で修正したいポイントが見つかったので、手作業で反映して完成させます。

まずは冒頭にあるクラスの説明（❶）である「The `Bookshelf` class represents a bookshelf owned by a user.」を、主語が省略された表現にします。つまり、「Represents a bookshelf owned by a user.」と書き換えます。

続いてパラメーターや戻り値の表で、Pythonのデータ型の名前を使います。つまり、「String」を「str」、「DateTime」を「datetime」、「List」を「list」に書き換えます。

最後にパラメーターや戻り値の表の列見出しをセンテンス・スタイルで統一します。つまり、各表の見出しで「Data Type」を「Data type」に書き換えます。

今回、事実関係は問題なしと判断して修正していません。もし実装を確認した結果、たとえば本棚の作成日時のデータ型がdatetime型ではなくfloat型（UNIX時間）だったとしたら、そのように書き換える必要があります。実際のところ、表記の不統一はそれほど深刻な問題にはなりません。しかし、**事実関係の確認ミスは大きな問題となり得る**ので、細心の注意が必要です。

● マニュアル

「生成」の実践例の最後に、マニュアルを取り上げます。サービスによっては、テキスト以外に画像や音声も入力に使える生成AIもあります。複数の種類のデータを扱えることは「**マルチモーダル**」と呼ばれます。

ここでは、アプリのUIを画像として生成AIに提示し、そこから英語でマニュアルを書いてもらいます。

⊕ 手順1：仮出力を確かめてドラフト版を作成

　今回も、読んだ本を記録できるウェブアプリケーション「Simple Book Tracker」を例にします。まず、アプリの設定画面の画像（図7-1）を生成AIに読み込ませます。ここではGoogleの「Bard」を使用して出力します。

図7-1　ウェブアプリの設定画面

　続いて、テキストでプロンプトを作成します。マニュアルを生成してもらうので、テクニカルライターをペルソナとして指定しています。

> 👤 あなたはテクニカルライターです。画像はウェブアプリの設定ページです。この設定ページの英語マニュアルをMarkdown形式で簡潔に書いてください。

　仮出力を得たところ、マニュアル内の見出しは「## Display mode」や「## Language and locale」のようにUIのラベル文言そのままを採用して書かれていました。今回は、読者が実行するタスクを中心にした「タス

ク型」で見出しを作りたいと考えているので、次のように動詞で始まる見出しをこちらで明示的に指定することにします。

> 👤 あなたはテクニカルライターです。画像はウェブアプリの設定ページです。この設定ページの英語マニュアルを簡潔に書いてください。ただし、次の条件に従ってください。
> ・出力はMarkdown形式
> ・見出しは次の3つとする
>   - Change the display mode
>   - Change the language and locale
>   - Subscribe to the newsletter

　上記のプロンプトから、次の結果を得ました。ざっと見たところ形式としては問題なさそうなので、これをドラフト版として次の手順に進みます。

🌐 # Change the display mode

① To change the display mode, follow these steps:

1. Open the **Settings** page.
2. In the **Display mode** section, select **Light** or **Dark**.
   ②
3. Click **Save**.
   ③

④ The available display modes are **Light** and **Dark**.

Change the language and locale

To change the language and locale, follow these steps:

1. Open the **Settings** page.
2. In the **Language and locale** section, select your desired
language from the **Interface language** dropdown menu, and your
desired locale from the **Locale** dropdown menu.
3. Click **Save**.

The available languages are **English**, **French**, **Spanish**,
German, and **Japanese**.

The available locales are based on the selected language.

Subscribe to the newsletter

To subscribe to the newsletter, follow these steps:

1. Open the **Settings** page.
2. Check the **Newsletter** checkbox.
3. Click **Save**.

You will receive email notifications about product updates.

⊕ 手順2：ドラフト版を詳細に確認

これまでと同様、確認ポイントに沿ってこのドラフト版を確認します。

プロンプト指定

プロンプトの指定は満たされています。出力形式はMarkdownで、見
出しも指定したタスク型です。

事実関係

　マニュアルが事実に即しているかどうかは、マニュアル通りにアプリ
を操作してみるのが最善の方法です。すると「Change the language and
locale」以下で2つの問題が見つかりました。

- ステップの後に「The available languages are English, French,
Spanish, German, and Japanese.」（❻）とありますが、現在は英語
と日本語にしか対応していません。そこで、この文は「The available
languages are English and Japanese.」に書き換えます。
- その後に「The available locales are based on the selected lan-
guage.」（❼）とありますが、言語とロケールは別々に選べます。そ
のため、この文は削除します。

英語表現

● ドキュメントタイプに合った文章構造か

　第2章02の「ドキュメントの主要素と構造」でマニュアルの文章構造を
示しました。ドラフト版を見ると、見出し、導入文、手順の流れになって
います。文章構造としては問題なさそうです。

● ドキュメントタイプに合った表現か

　第2章02の「表現のポイント」で表現のポイントをいくつか挙げていま
す。少し数が多いですが、ドラフト版の該当する部分を見てみましょう。

- 読者はyou、読者の所有物はyour
  - ➡ ドラフト版では「your desired language」（❺）や「You will re-
ceive」（❾）といった表現が用いられています。
- 見出しはタスク型なら動詞原形

➡ そもそもプロンプトでタスク型の書き方を指定したので、そうなっています。執筆方針によってはタスク型ではなく、たとえばUIの項目（Display modeなど）を見出しにしてもよいでしょう。

- 導入文にはfollowingとコロン
  ➡ 導入文の末尾にはコロンが使われています。なお、すべての導入文に書かれている「follow」は「○○に従う」という動詞である点に注意してください。
- 手順は番号リスト
  ➡ 番号リストになっています。
- 指示文は命令形
  ➡ pleaseなしの命令形で書かれています。
- 指示文では場所、条件、目的を先
  ➡ たとえば「To change the display mode,」（❶）と目的が、「In the **Display mode** section,」（❷）と場所が先に書かれています。
- 指示文でUI要素はボールド
  ➡ 「Click **Save**.」（❸）とボタンなどがMarkdownのボールドになっています。

全体としてドキュメントタイプに合った表現が使われています。

● **用語が妥当で一貫しているか**

マニュアルでは、まずボタン名などのUI文言がマニュアル内の記述と一致することを確認します。その結果、次の2点で修正が必要です。

- 前述のように「The available languages are English, French, Spanish, German, and Japanese.」（❻）はそもそも事実ではないので、文を削除します。
- 「# Subscribe to the newsletter」に「2. Check the Newsletter

checkbox.」（❽）とありますが、チェックボックスのラベルは「Re-ceive news for product updates」です。そこで、他の記述に合わせて「2. In the **Newsletter** section, check the **Receive news for product updates** checkbox.」とします。なお、第2章02の「重要な単語と表現集」の「チェックボックス操作の動詞」で示したように、チェックボックスの選択は check または select を用います。

それ以外の用語は特に問題ありません。

●表記が妥当で一貫しているか

見出しのスタイル、コロンのような記号の使い方、手順で使うべきリストなど、表記は妥当で一貫しており、問題はありません。

⊕手順3：修正を反映して最終版を作成

ドラフト版の確認でいくつか修正すべき点が見つかりました。手作業で修正を反映した最終版を示します。

```
# Change the display mode

To change the display mode, follow these steps:

1. Open the **Settings** page.
2. In the **Display mode** section, select **Light** or **Dark**.
3. Click **Save**.

# Change the language and locale

To change the language and locale, follow these steps:

1. Open the **Settings** page.
2. In the **Language and locale** section, select your desired language
from the **Interface language** dropdown menu, and your desired locale
```

from the **Locale** dropdown menu.
3. Click **Save**.

The available languages are **English** and **Japanese**.

Subscribe to the newsletter

To subscribe to the newsletter, follow these steps:

1. Open the **Settings** page.
2. In the **Newsletter** section, check the **Receive news for product updates** checkbox.
3. Click **Save**.

You will receive email notifications about product updates.

　ちなみに「# Change the display mode」の最後にある「The available display modes are **Light** and **Dark**.」（❹）も、説明としては冗長（LightとDarkが選べることはステップ2に記載済み）なので削除しました。

　画像から直接的にドキュメントを書き起こしてもらうのは、マルチモーダルに対応した生成AIの利点です。うまく活用すると、ライティングは大幅に楽になるはずです。

04 応用的な実践例

　ここまで「翻訳」、「添削」、「生成」という英語ライティングの基本的な実践例を見てきました。基本を踏まえた上でプロンプトを工夫することで、さらに効果的な結果を得られることがあります。応用的な実践例をいくつか紹介します。

● 基本の組み合わせ

　翻訳、添削、生成という**基本の方法を組み合わせること**が可能です。ここでは、日本語で書いた文章を英語に翻訳してもらい、それを添削してもらう例を見てみましょう。つまり「翻訳」と「添削」の組み合わせです。

◆ 翻訳
　通知メールの本文を英語で作成したいと考えています。まず日本語で書き、それを生成AIに英訳、さらに添削してもらって英文を改善します。
　まず、次のプロンプトを用意します。

> 👤 下記の【翻訳対象】の日本語を英語に翻訳してください。ログイン通知メールの本文です。
>
> 【翻訳対象】
> {username}様

> お使いのアカウントで新しいログインがありました。
> ご自身でログインされた場合、何もする必要はありません。
> もしログインに心当たりがない場合、第三者によるログインの可能性がある
> ため、パスワードを変更してください。

プロンプトを実行した結果、次の出力が得られました。

【Translation】

Dear {username},

A new login has been detected on your account.
If you logged in yourself, you don't need to do anything.
However, if you do not recall logging in, it could be a possibility that
a third-party has accessed your account. Please change your
password.

添削

　続いて生成 AI に「添削」してもらいましょう。チャット形式の生成 AI であれば続けてプロンプトを入力することもできますが、ここでは別の新しいプロンプトにして入力します。

> 【添削対象】にある英語を添削してください。ログイン通知メールの本文です。
> 添削した点はリストにまとめた上で、添削理由を日本語で説明してください。
>
> 【添削対象】
> Dear {username},
>
> A new login has been detected on your account.
> If you logged in yourself, you don't need to do anything.
> However, if you do not recall logging in, it could be a possibility

> that a third-party has accessed your account. Please change
> your password.

　次の出力が得られました（文中の❶などの数字は、後で解説するポイントを示しています）。

🌐【添削結果】

Dear {username},

❶ We have detected a new login to your account.
If this was you, no further action is needed.
However, if you do not recognize this login, there may be a chance
that an unauthorized third party has accessed your account. In this
case, we highly recommend that you immediately change your ❷
password.

【添削理由・ポイント】

1. "A new login has been detected on your account"を"We have
detected a new login to your account"に変更。動詞の使い方や前置詞の
適切な使用が英語としてより自然です。

2. "If you logged in yourself, you don't need to do anything"を"If this
was you, no further action is needed"に変更。これは簡潔で明確な表現
方法です。

3. "it could be a possibility that a third-party has accessed your
account"を"there may be a chance that an unauthorized third party
has accessed your account"に変更。英語としてより簡潔でより適切です。

4. "Please change your password"を"In this case, we highly

recommend that you immediately change your password"に変更。よ
り詳細な指示を与え、ユーザーに即時の行動を促しています。

　文中の動詞が受動態から能動態に変わったり（❶）、命令文が平叙文に
なったり（❷）しています。構文は変わったものの、書かれている内容に
大きな問題はなさそうなのでドラフト版として進めます。ここでは以降
の手順の記述は割愛します。

▶ テンプレートの生成

　文書を作成する際、テンプレートがあるとスムーズに書けます。ここ
では、生成AIにテンプレートを作成してもらい、そこに自分で日本語で
記入し、最後に英訳してもらう例を示します。基本の「生成」と「翻訳」
の組み合わせでもあります。今回生成するテンプレートは、ウェブアプリ
ケーションのリリースノートとします。

⊕ 生成

　まず、プロンプトを準備します。

> 👤 ウェブアプリケーションのリリースノートの簡潔なテンプレートを英語で作
> ってください。

このプロンプトから次の出力が得られました。

> 🔧 # Release Notes for [Your Application Name] Version [Version
> Number]
>
> ## Release Date

[date of the current version release]

New Features

* [Detailed description of the new feature 1]
* [Detailed description of the new feature 2]

Enhancements

* [Detailed description of the enhancement 1]
* [Detailed description of the enhancement 2]

Bug Fixes

* [Detailed description of the bug fix 1]
* [Detailed description of the bug fix 2]

Known Issues

* [Detailed description of the known issue 1]
* [Detailed description of the known issue 2]
Deprecations

* [Detailed description of the deprecation 1]
* [Detailed description of the deprecation 2]

Breaking Changes

* [Detailed description of the breaking change 1]
* [Detailed description of the breaking change 2]

```
## For more information

For more information, please visit our website at [website url] or
email us at [email]
```

　第3章02の「ドキュメントの主要素と構造」でリリースノートの主要素を説明しましたが、ほぼ同じ内容です。そのため、このテンプレートはドキュメントタイプに合致していると判断できます。

⊕翻訳

　たとえば、読んだ本を記録できるウェブアプリケーション「Simple Book Tracker」のバージョン1.1で新機能を追加し、機能を改善してバグを修正したとします。これをテンプレートに日本語で記載してみます。

```
# Release Notes for Simple Book Tracker Version 1.1

## Release Date
2023年12月23日

## New Features

* 自分の本棚を公開し、SNSで共有可能に
* 本棚のデザインが選択可能に

## Enhancements

* インターフェイスの言語にフランス語を追加

## Bug Fixes

* 書籍のカバー画像が正しくリサイズされない不具合を修正
```

続いて、次のプロンプトでリリースノートの日本語部分を英訳してもらいます。第3章02の「重要な単語と表現集」にある「新機能の表現」で説明したように、新機能は「You can now …」の表現がよく使われるので、今回はそれに統一します。

> 次のリリースノートで、日本語の部分だけを英語に翻訳してください。なお、New Featuresの項目は「You can now」で書き始めてください。
>
> ＜リリースノートの内容＞

プロンプトを入力した結果、次の仮出力が得られました。

Release Notes for Simple Book Tracker Version 1.1

Release Date
December 23, 2023

New Features

* You can now make your bookshelf public and share it on SNS
* You can now choose the design of your bookshelf

Enhancements

* Added French to the interface languages

Bug Fixes

* Fixed a bug where the cover image of the book was not properly resized

　ざっと見て問題なさそうなので、これをドラフト版として詳細な確認を
実施します。細かな記述は割愛しますが、各項目の文末にピリオドを追
加し、最終版とします。

● 用語や表記の統一

　ドキュメントを別々の人が作成する場合や、同じ人でも異なる時期に
作成する場合、どうしても用語や表記に不統一が生じてしまいます。生
成AIを使い、揺れのある用語や表記を抽出して統一することもできます。
2つのマニュアルで統一する例を見てみましょう。

　まずは第2章02のマニュアルで示したサンプルにある「Create a
virtual device」のセクションです。これを「マニュアル1」とします。

```
Create a virtual device
To create a virtual device, perform the following steps:
1. Open the Virtual Device Manager.
2. At top left, click **Create > New virtual device**.
3. Select the device that you want to create from the device list.
4. If you want to change the default name, enter a new name.
      **Note**: Each virtual device must have a unique name.
5. Click **OK**.
6. The new virtual device appears in your dashboard.
```

　その後にある「Delete a virtual device」セクションは、第2章02では省
略されていましたが、別の人が次のように書いたとします。これを「マ
ニュアル2」とします。

```
Delete a virtual device
To delete a virtual device, follow the steps below.
(1) Open the virtual device manager.
(2) Click "Delete" and then "Virtual device".
```

```
(3) Select the device that you want to delete.
    WARNING: Once you delete a virtual device, you cannot undo this
operation.
(4) Click "Delete".
```

　次のプロンプトで、揺れのある部分をリストにした後、マニュアル1に
合わせてマニュアル2を書き換えてもらいます。

> 👤 下記の【マニュアル1】と【マニュアル2】で、揺れのある用語と表記をリス
> トにまとめてください。さらに、揺れのある部分は【マニュアル1】に合う
> よう【マニュアル2】を書き換えてください。
>
> 【マニュアル1】
> <略>
>
> 【マニュアル2】
> <略>

　このプロンプトを出すと、次の仮出力が得られました。

> 🔁 揺れのある用語と表記：
>
> 1. マニュアル1では大文字始まりの単語が使用され、マニュアル2では小文
> 字始まりの単語が使用されている
> 2. マニュアル1では** **で強調されている箇所があり、マニュアル2では"
> "が使用されている。
> 3. マニュアル1ではステップ番号がピリオド(.)で終わっているが、マニュア
> ル2では括弧()内に番号が用いられている。
> 4. マニュアル1ではNoteで注意事項が提示され、マニュアル2では
> WARNINGで提示されている。

【書き換えたマニュアル2】

Delete a virtual device

To delete a virtual device, perform the following steps:

1. Open the Virtual Device Manager.

2. Click **Delete > Virtual device**.

3. Select the device that you want to delete.

　　Note: Once you delete a virtual device, you cannot undo this operation.

4. Click **Delete**.

　ざっと見たところ問題なさそうなので、これをドラフト版とし、生成AIがリストで挙げた4点を順に確認してみます。

- 1. 機能名である「virtual device manager」と「Virtual Device Manager」の違いです。妥当な指摘なので受け入れます。
- 2. ボタンなどのUI表記の部分です。指摘を受け入れて修正します。
- 3. 番号リストの表記も提案を受け入れます。
- 4. 第2章02「表現のポイント」の「注意書きはNote、Caution、Warningなど」にあるように、見出しでは「Note」、「Caution」、「Warning」がよく用いられます。このうち、無視したらデータ消失や経済的損失が発生し得るようなケースでは「Warning」が適切です。仮想デバイスの削除はデータ消失に該当しそうなので、ここでは生成AIの提案を却下してWarningとします。ただし、全部大文字の「WARNING」ではなく「Warning」に修正します。

　この4点以外も読んでみると問題なさそうです。まとめると、ドラフト版にある「書き換えたマニュアル2」のうち、「**Note:**」を「**Warning:**」に修

正した上で最終版とします。

　なお、第1章01の「生成AIを使う際の注意点」でも述べたように、生成AIは扱える文脈の長さに限界があります。あまりに長いドキュメントでは用語や表記の統一を図れないことがあるので、注意してください。

付録

各ドキュメントタイプの特徴

「マニュアル」の特徴 (p.30)

● ドキュメントの主要素と構造 (p.32)

- 見出し
- 導入文
- 手順
- ステップ
- 説明文
- 注意書き（任意）

● 表現のポイント (p.35)

- 読者は you、読者の所有物は your
- 見出しはタスク型なら動詞原形
- 導入文には following とコロン
- 手順は番号リスト
- 指示文は命令形
- 指示文では場所、条件、目的を先
- 指示文で UI 要素はボールド
- 指示文で連続操作は「>」
- 注意書きは Note、Caution、Warning など

「APIリファレンス」の特徴 (p.47)

▶ ドキュメントの主要素と構造【メソッド／関数】(p.53)

- 見出し
- 全体説明
- 概要
- 詳細【メソッド／関数】
  - 名前
  - 説明
  - パラメーター
  - 戻り値
- 詳細【定数、コンストラクターなど】(任意)
  - 名前や説明など

▶ ドキュメントの主要素と構造【ウェブ API】(p.55)

- 見出し
- 説明
- リクエスト
- レスポンス

▶ 表現のポイント (p.57)

- 主語を省略して動詞から書く
- 説明は名詞句も可能

「プロダクト説明」の特徴 (p.66)

● ドキュメントの主要素と構造 (p.69)

- プロダクト名
- プロダクト全体の説明
- 特徴や機能の紹介
  - 見出し
  - 説明文
  - 詳細ページへのリンク（任意）
- その他の任意項目（顧客の声、料金の紹介など）

● 表現のポイント (p.72)

- 魅力を伝える表現
- 見出しで省略が多用
- 行動を促す表現

「リリースノート」の特徴 (p.81)

● ドキュメントの主要素と構造 (p.83)

- タイトル
- 新機能、改善点、修正点、変更点、既知の問題、非推奨となった点
  （すべて任意）

▶ 表現のポイント (p.86)

- リストを多用する
- 主語を省略して動詞から書く

「通知メール」の特徴 (p.91)

▶ ドキュメントの主要素と構造 (p.95)

- 件名
- 頭語（任意）
- 本文
- 結語（任意）
- フッター（任意）

▶ 表現のポイント (p.97)

- フォーマル度を調整する
- 自社の代名詞は we
- 送信者名で便利な「Team」
- 時刻を書くときはタイムゾーンも

「UI」と「メッセージ」の特徴 (p.104)

◉ ドキュメントの主要素と構造 【メッセージ】 (p.113)

- エラー
- 成功
- 確認
- 指示

◉ 表現のポイント 【UI】 (p.115)

- UIで一般的な言葉を使う
- 省略して短く書く
- ユーザー命令は動詞が多いが、名詞や形容詞のこともある

◉ 表現のポイント 【メッセージ】 (p.117)

- エラー：「Failed to ○○」や「Unable to ○○」が代表的
- 成功：successfullyは成功時によく用いられる
- 確認：「Are you sure you want to ○○ ?」などが代表的
- 指示：「Make sure (that) ○○」などが代表的

「名前」と「コメント」の特徴 (p.130)

▶ ドキュメントの主要素と構造【コメント】(p.135)

- 概要
- 詳細（任意）
- パラメーター、戻り値、例外（ある場合）

▶ 表現のポイント【関数名とメソッド名】(p.137)

- 典型的なパターン：動詞のみ、動詞＋目的語、動詞＋その他、動詞＋目的語＋その他
- 動詞以外の品詞も使われる
- ブール値を戻す名前がある

▶ 表現のポイント【変数名】(p.140)

- 典型的なパターン：名詞のみ、名詞句
- 名詞以外の品詞も使われる

▶ 表現のポイント【ドキュメンテーション用のコメント】(p.142)

- 概要：主語の省略や名詞句
- 詳細：完全な文で記述
- パラメーター：名詞句で簡潔に
- 例外：書き方はさまざま

おわりに

　2022年11月に公開されたOpenAIの「ChatGPT」は、その性能の高さと使いやすさで多くのユーザーを獲得しました。同時に、ChatGPTが出力する流暢な英語を見て、私のような翻訳者や英文ライターといった専門家は驚愕し、「もしかして自分の仕事がなくなるのでは……」と不安を覚えました。しかし、何度もChatGPTで英語を生成しているうちに、完全に人間を代替するのは難しいのではないかと感じるようになりました。ハルシネーションのような課題があったり、ユーザーごとにニーズが異なったりするからです。

　私はむしろ、人間がこの新しいツールを上手に使うことで、英文の質を高めたり生産性を向上したりできるだろうと、不安よりも期待が上回るようになりました。本書内では少し触れただけですが、「マルチモーダル」にも大きな可能性があります。日本語でプロンプトを書くだけで、たとえば自分自身が英語でプレゼンテーションしている動画も生成できるようになるでしょう。

　生成AIの助けを借りると、流暢で英語らしい英語が書けるようになります。しかし、このツールを手懐けて使いこなすためには、新たに身に付けるべきスキルや知識もあります。まずはプロンプトのように生成AIに直接関連したスキルです。これに加え、生成AIの出力の正しさや妥当性を確認できるような英語関連の知識が不可欠になります。本書で紙幅を割いて説明した各種ドキュメントタイプの特徴的な構造や表現、さらには英文法や表記法です。生成AIも単体では「銀の弾」ではなく、英語ライティングで活用するには努力して身に付けるべきスキルや知識があるのです。

　本書を読んでいる途中で「この本は英語のライティングというより、むしろリーディングの本では？」と感じた読者もいらっしゃるかもしれませ

ん。生成AIの出力を確認するということは、英語を読むということです。英語ライティングで生成AIを活用すると、ライティングとリーディングの境目はあいまいになってきます。

　生成AIは非常に強力なツールです。しかし強力なだけに、扱う人間にも相応のスキルが求められます。本書がそのスキル獲得の一助になれたとしたら幸いです。

2024年2月　西野 竜太郎

使用した生成AIについて

　第7章03の「マニュアル」で使用したBard（LLMはPaLM 2）を除き、本書内ではOpenAIの「Playground」サービスを使い、下記設定で2023年9〜10月にサンプルを生成しました。

- Mode：Chat
- Model：GPT-4
- Temperature：1（デフォルト）
- Top P：1（デフォルト）

参考文献

第1章、6章

- 『生成AIの核心 「新しい知」といかに向き合うか』(西田宗千佳・著、NHK出版、2023年)
- 『大規模言語モデルは新たな知能か ChatGPTが変えた世界』(岡野原大輔・著、岩波書店、2023年)

第2〜4章

- 『エンジニアのためのドキュメントライティング ユーザーの問題解決とプロダクトの成功を導く』(ジャレッド・バーティ、ザッカリー・サラ・コーライセン、ジェン・ランボーン、デビッド・ヌーニェヌス、ハイディ・ウォーターハウス・著、岩瀬義昌・訳、日本能率協会マネジメントセンター、2023年)
- 『読みやすいコードのガイドライン 持続可能なソフトウェア開発のために』(石川宗寿・著、技術評論社、2022年)
- 『現場で困らない！ ITエンジニアのための英語リーディング』(西野竜太郎・著、翔泳社、2017年)
- 『プログラミング英語教本』(西野竜太郎・著、グローバリゼーションデザイン研究所、2020年)
- 『アプリケーションをつくる英語 エンジニアよ、世界市場を狙え！』(西野竜太郎・著、達人出版会、2012年)

第5章

- 『徹底例解 ロイヤル英文法 改訂新版』(綿貫陽、宮川幸久、須貝猛敏、高松尚弘・著、旺文社、2000年)
- 『基本からわかる 英語リーディング教本』(薬袋善郎・著、研究社、2000年)
- 『英文法用語の底力 用語の誤解を解けば英語は伸びる』(田上芳彦・著、プレイス、2015年)
- 『ジーニアス英和辞典 第6版』(南出康世ほか・編、大修館書店、2022年)
- Google developer documentation style guide (https://developers.google.com/style、2023-10-18アクセス)
- Microsoft Writing Style Guide (https://learn.microsoft.com/en-us/style-guide/welcome/、2023-10-18アクセス)
- Apple Style Guide (https://support.apple.com/ja-jp/guide/applestyleguide/welcome/web、2023-10-18アクセス)
- IT英語スタイルガイド (https://styleguide.progeigo.org/、2023-10-18アクセス)

第7章

- 『ウィズダム英和辞典 第4版』(井上永幸、赤野一郎・編、三省堂、2019年)

注

第1章
- 1-1： https://chat.openai.com/
- 1-2： https://bard.google.com/

第2章
- 2-1： 大規模な電子データであるコーパスを使って言葉を研究する、言語学の一分野
- 2-2： Google developer documentation style guide（https://developers.google.com/style/notices、2023-06-22閲覧）

第3章
- 3-1： 「on board」は（飛行機や船に）「搭乗する」の意味。ユーザーを搭乗客にたとえている

第4章
- 4-1： Google Style Guides：https://google.github.io/styleguide/　PythonとJava以外に、C#、JavaScript、Rなど10言語以上のスタイルガイドが掲載されている

第6章
- 6-1： Whiteら「A Prompt Pattern Catalog to Enhance Prompt Engineering with ChatGPT」（https://arxiv.org/abs/2302.11382、2023-09-19閲覧）
- 6-2： Whiteらはそれぞれ「Persona」、「Alternative Approaches」、「Flipped Interaction」と表現

■ 著者プロフィール

西野 竜太郎（にしの りゅうたろう）
IT分野の英語翻訳者。合同会社グローバリゼーションデザイン研究所代表。
米国留学を経て国内の大学を卒業後、フリーランスの翻訳者とソフトウェア開発者に。産業技術大学院大学修了（情報システム学修士）、東京工業大学大学院博士課程単位取得（専門は言語学）。
著書に『現場で困らない！ ITエンジニアのための英語リーディング』（翔泳社）、『アプリケーションをつくる英語』（達人出版会／インプレス）などがある。

装丁・本文デザイン	吉村 朋子
カバーイラスト	加納 徳博
DTP	風工舎

生成AIで効率的に書く！
ITエンジニアのための英語ライティング

2024年 2月20日　初版第1刷発行

著　者	西野 竜太郎
発行人	佐々木 幹夫
発行所	株式会社翔泳社 （https://www.shoeisha.co.jp）
印刷・製本	株式会社加藤文明社印刷所

ISBN978-4-7981-8314-5　　　　　　　　　　　Printed in Japan